全国职业教育"十一五"规划教材

Dreamweaver 网页制作实训教程

北京金企鹅文化发展中心　策划

主　编　常春英　黄雯婕

航空工业出版社

北京

内 容 提 要

本书主要面向职业技术院校，并被列入全国职业教育"十一五"规划教材。全书共 11 章，内容涵盖网页基础知识、Dreamweaver CS3 入门、输入与编辑基本网页元素、构建网页布局、应用超链接和行为、应用样式表、应用动画和多媒体元素、应用模板和库、应用表单和表单对象及动态网页制作入门等知识。

本书具有如下特点：（1）满足社会实际就业需要。对传统教材的知识点进行增、删、改，让学生能真正学到满足就业要求的知识。（2）增强学生的学习兴趣。从传统的偏重知识的传授转为培养学生的实际操作技能，让学生有兴趣学习。（3）让学生能轻松学习。用实例（实训）讲解相关应用和知识点，边练边学，从而避开枯燥的讲解，让学生能学得轻松，教师也教得愉快。（4）包含大量实用技巧和练习，网上提供素材、课件和视频下载。

本书可作为中、高等职业技术院校，以及各类计算机教育培训机构的专用教材，也可供广大初、中级网页制作爱好者自学使用。

图书在版编目（CIP）数据

Dreamweaver 网页制作实训教程 / 常春英，黄雯婕主编.
北京：航空工业出版社，2009.8
ISBN 978-7-80243-354-0

I. D… II.①常…②黄… III. 主页制作—图形软件，
Dreamweaver－教材 IV. TP393.092

中国版本图书馆 CIP 数据核字（2009）第 115590 号

Dreamweaver 网页制作实训教程
Dreamweaver Wangye Zhizuo Shixun Jiaocheng

航空工业出版社出版发行
（北京市安定门外小关东里 14 号　100029）
发行部电话：010-64815615　　010-64978486

北京市科星印刷有限责任公司印刷　　　　全国各地新华书店经售

2009 年 8 月第 1 版　　　　　　　　　2009 年 8 月第 1 次印刷

开本：787×1092　　1/16　　印张：15　　字数：356 千字

印数：1—5000　　　　　　　　　　　　定价：24.00 元

随着社会的发展，传统的职业教育模式已无法满足学生实际就业的需要。一方面，大量的毕业生无法找到满意的工作，另一方面，用人单位却在感叹无法招到符合职位要求的人才。因此，积极推进职业教学形式和内容的改革，从传统的偏重知识的传授转向注重就业能力的培养，已成为大多数中、高等职业技术院校的共识。

职业教育改革首先是教材的改革，为此，我们走访了众多院校，与大量的老师探讨当前职业教育面临的问题和机遇，然后聘请具有丰富教学经验的一线教师编写了这套"电脑实训教程"系列丛书。

丛书书目

本套教材涵盖了计算机各个领域，包括计算机硬件知识、操作系统、文字录入和排版、办公软件、计算机网络、图形图像、三维动画、网页制作以及多媒体制作等。众多的图书品种，可以满足各类院校相关课程设置的需要。

● 已出版的图书书目

《五笔打字实训教程》	《Illustrator 平面设计实训教程》（CS3 版）
《电脑入门实训教程》	《Photoshop 图像处理实训教程》（CS3 版）
《电脑基础实训教程》	《Dreamweaver 网页制作实训教程》（CS3 版）
《电脑组装与维护实训教程》	《CorelDRAW 平面设计实训教程》（X4 版）
《电脑综合应用实训教程》（2007 版）	《Flash 动画制作实训教程》（CS3 版）
《电脑综合应用实训教程》（2003 版）	《AutoCAD 绘图实训教程》（2009 版）

● 即将出版的图书书目

《办公自动化实训教程》（2007 版）	《方正书版实训教程》（10.0 版）
《办公自动化实训教程》（2003 版）	《方正飞腾创意实训教程》（5.0 版）
《Word 文字排版实训教程》（2007 版）	《常用工具软件实训教程》
《Excel 表格制作和数据处理实训教程》（2007 版）	《Windows Vista+Office 2007+Internet 实训教程》
《PowerPoint 演示文稿制作实训教程》（2007 版）	《3ds Max 基础与应用实训教程》（9.0 版）
《电脑入门实训教程》	

 丛书特色

- **满足社会实际就业需要。** 对传统教材的知识点进行增、删、改，让学生能真正学到满足就业要求的知识。例如，《Dreamweaver 网页制作实训教程》的目标是让学生在学完本书后，能熟练利用 Dreamweaver 制作出完整的网站。

- **增强学生的学习兴趣。** 将传统教材的偏重知识的传授转为培养学生实际操作技能。例如，将传统教材的以知识点为主线，改为以"应用+知识点"为主线，让知识点为应用服务，从而增强学生的学习兴趣。

- **让学生能轻松学习。** 用实例（实训）去讲解软件的相关应用和知识点，边练边学，从而避开枯燥的讲解，让学生能轻松学习，教师也教得愉快。

- **语言简炼，讲解简洁，图示丰富。** 让学生花最少的时间，学到尽可能多的东西。

- **融入众多典型实用技巧和常见问题解决方法。** 在各书中都安排了大量的知识库、提示和小技巧，从而使学生能够掌握一些实际工作中必备的电脑应用技巧，并能独立解决一些常见问题。

- **课后总结和练习。** 通过课后总结，读者可了解每章的重点和难点；通过精心设计的课后练习，读者可检查自己的学习效果。

- **提供素材、课件和视频。** 完整的素材可方便学生根据书中内容进行上机练习；适应教学要求的课件可减少老师备课的负担；精心录制的视频可方便老师在课堂上演示实例的制作过程。所有这些内容，读者都可从网上下载。

- **控制各章篇幅和难易程度。** 对各书内容的要求为：以实用为主，够用为度。严格控制各章篇幅和实例的难易程度，从而照顾老师教学的需要。

本书内容

- 第 1 章：介绍与网页或网页制作相关的基础知识。
- 第 2 章：介绍 Dreamweaver CS3 的工作界面，网站创建与管理以及网页页面总体设置。
- 第 3 章：介绍文本、图像等基本网页元素的输入与编辑方法。
- 第 4 章：介绍使用表格和框架构建网页布局的方法。
- 第 5 章：介绍超链接和行为在网页制作中的应用。
- 第 6 章：介绍样式表的创建与应用方法。
- 第 7 章：介绍动画、视频等多媒体元素的应用。
- 第 8 章：介绍应用模板和库提高网页制作效率的方法。
- 第 9 章：介绍表单和表单对象在网页中的应用方法。
- 第 10 章：以留言板的制作为例，介绍使用 Dreamweaver 制作动态网页的基本方法。
- 第 11 章：通过一个综合实例，详细介绍了 Dreamweaver 在实际工作中的应用。

本书适用范围

本书可作为中、高等职业技术院校，以及各类计算机教育培训机构的专用教材，也可供广大初、中级网页制作爱好者自学使用。

 本书课时安排建议

章名	重点掌握内容	教学课时
第 1 章　网页基础知识	1. 网页构成要素 2. 网页相关知识简介 3. 网站建设流程	3 课时
第 2 章　Dreamweaver CS3 入门	1. 初识 Dreamweaver CS3 2. 网站创建与管理 3. 页面总体设置	4 课时
第 3 章　输入与编辑基本网页元素	1. 输入与编辑文本 2. 应用图像	3 课时
第 4 章　构建网页布局	使用表格布局网页	4 课时
第 5 章　应用超链接和行为	1. 常规超链接 2. 图片链接和下载链接 3. 电子邮件链接 4. 热点链接	3 课时
第 6 章　应用样式表	1. 认识样式表 2. 定义样式表	3 课时
第 7 章　应用动画和多媒体元素	1. 插入 Flash 动画 2. 设置 Flash 动画背景透明 3. 为网页设置背景音乐	2 课时
第 8 章　应用模板和库	1. 应用模板 2. 应用库项目	3 课时
第 9 章　应用表单和表单对象	1. 应用表单 2. 应用表单对象	3 课时
第 10 章　动态网页制作入门	1. 创建动态网页测试环境 2. 数据库相关知识 3. 在 Dreamweaver 中实现动态效果 4. 发布网站	5 课时
第 11 章　综合实例——制作“富丽宫”网站	1. 网站规划 2. 网站制作	3 课时

 课件、素材下载与售后服务

本书配有精美的教学课件和视频，并且书中用到的全部素材和制作的全部实例都已整理和打包，读者可以登录我们的网站（http://www.bjjqe.com）下载。如果读者在学习中有什么疑问，也可登录我们的网站去寻求帮助，我们将会及时解答。

 本书作者

本书由北京金企鹅文化发展中心策划，常春英、黄雯婕主编，并邀请一线职业技术院校的老师参与编写。主要编写人员有：郭玲文、白冰、郭燕、丁永卫、朱丽静、姜鹏、孙志义、李秀娟、顾升路、贾洪亮、单振华、侯盼盼等。

尽管我们在写作本书时已竭尽全力，但书中仍会存在这样或那样的问题，欢迎读者批评指正。

编　者

2009 年 7 月

目 录

第1章 网页基础知识

【本章导读】

如今，互联网已经渗透到了人们的日常生活中，想要学习制作网页的人也逐渐多起来；但是，要制作网页，最好首先了解一下与网页相关的基础知识。例如，网页构成、互联网、域名、浏览器、网页制作软件和网站建设流程等。本章就来介绍这方面的知识。

【本章内容提要】

- ☑ 网页构成要素
- ☑ 网页相关知识简介
- ☑ 网站建设流程

1.1 网页构成要素

从浏览者的角度看，网页中无非就是一些文字、图片、动画等。但从专业的角度来讲，这些元素都有自己的名字，可以将它们分为站标、导航条、广告条、标题栏和按钮等，如图 1-1 所示。

1.1.1 站标

站标也叫 Logo，是网站的标志，其作用是使人看见它就能够联想到企业。因此，网站 Logo 通常采用企业的 Logo。

Logo 一般采用带有企业特色和思想的图案，或是与企业相关的字符或符号及其变形，当然也有很多是图文组合，如图 1-2 所示。

图 1-1　网页构成要素

图 1-2　网站或企业 Logo

在网页设计中，通常把 Logo 放在页面的左上角，大小没有严格要求；不过，考虑到网页显示空间的限制，要求 Logo 的尺寸不能太大。此外，Logo 普遍没有过多的色彩和细腻的描绘。现在有些网站使用动感 Logo，取得了很好的效果。

如果要自己设计网站 Logo，应掌握一些 Logo 设计的技巧。例如，

● 字体的选择要与网站整体风格相符，不要一味追求美观花哨。

● 使用色彩时，既要注意视觉上的美感，又要使其与网站内容相呼应。

● 可以采用边框，使用反差与对比等手法来强调 Logo 中的主体。

● Logo 的形状尽量保持视觉上的平衡，细部要讲究线条的流畅。

1.1.2　导航条

导航条是网站内多个页面的超链接组合，它可以引导浏览者轻松找到网站中的各个页面，导航条也因此而得名。同时，导航条也是网站中所有重要内容的概括，可以让浏览者在最短时间内了解网站的主要内容。

设计导航条时，应注意以下几点。

● 如果网站内容不多，可以根据网站风格尝试灵活摆放，也可以使用图片或 Flash

动画等，如图 1-3 所示。

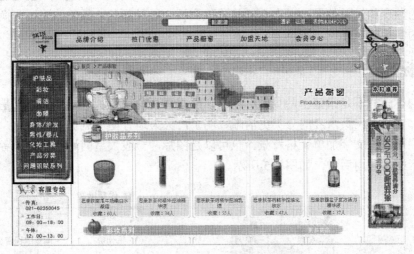

图 1-3 灵活摆放的导航条

- 如果网站栏目很多，可以将导航条分为多排放置在 Logo 的下方或右侧，为便于观看，可为各排设置不同的底色，如图 1-4 所示。

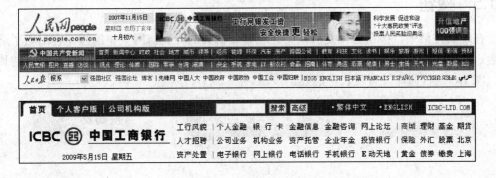

图 1-4 多排导航条

1.1.3 广告条

广告条又称 Banner，其功能是宣传网站或替其他企业做广告。Banner 的尺寸可以根据版面需要来安排，一般大型商务网站都有自己的标准尺寸和摆放位置。

在 Banner 的制作过程中有以下要点需要注意。

- Banner 可以是静态的，也可以是动态的。现在使用动态的居多，动态画面容易引起浏览者的注意。
- Banner 的体积不宜过大，尽量使用 GIF 格式图片与动画或 Flash 动画，因为这两种格式的文件体积小，载入时间短。
- Banner 中的文字不要太多，只要达到一定的提醒效果就可以，通常是一两句企业的广告语。

- Banner 中图片的颜色不要太多，尤其是 GIF 格式的图片或动画，要避免出现颜色的渐变和光晕效果，因为 GIF 格式仅支持 256 种颜色，颜色的连续变换会有明显的断层甚至光斑，影响效果。

1.1.4 标题栏

此处的标题栏不是指整个网页的标题栏，而是网页内部各版块的标题栏，是各版块内容的概括。它使得网页内容的分类更清晰、明了，大大地方便了浏览者。

标题栏可以是文字加单元格背景，也可以是图片，一般大型网站都采用前者，一些内容少的小网站常采用后者，如图 1-5 所示。

图 1-5 标题栏

1.1.5 按钮

在现实生活中，按钮通常是启动某些装置或机关的开关。网页中的按钮也沿用了这个概念。网页中的按钮被点击之后，网页会实现相应的操作，比如页面跳转，或数据的传输等，图 1-6 是目前比较有代表性的几个按钮。

图 1-6 按钮

1.2 网页相关知识简介

为使读者的学习目标更明确，在学习网页制作之前，我们先来简单了解一下与网页相关的基础知识。

1.2.1 网页的本质

要问网页是什么，你可能会说，网页不就是一幅幅的画面嘛！的确，这句话并没有错。如果你只是学习上网，这也就足够了；但是，要学习制作网页，就必须知道网页的本质。

通过前面的学习，我们知道网页中除了包含文字外，还包含图像、动画等内容。那么，网页是如何将这些元素有机地组合在一起了呢？打开网站"人民网"，在浏览器中选择"文件">"另存为"菜单，将网页保存到磁盘中，然后看看网页及其组成素材，如图 1-7 所示。

事实上，我们看到的一个个网页都是由多个文件组成的。网页文件是"根"，图像和动画文件都是"枝叶"。图像和动画是通过链接的形式插入到网页中的，后面我们将详细讲解其插入方法。

图 1-7　网页及其组成素材

当我们在浏览器地址栏中输入网址(后面将详细讲述网址的概念)，并按下回车键后，本地计算机首先通过浏览器将要浏览的网页地址发送给存放网页的服务器，服务器在收到请求后，即将网页文件及其用到的图像文件、动画文件和其他文件发送给客户机。客户机上的浏览器则通过解释执行网页文件中的命令，将网页完整地显示在浏览器中，整个过程如图 1-8 所示。

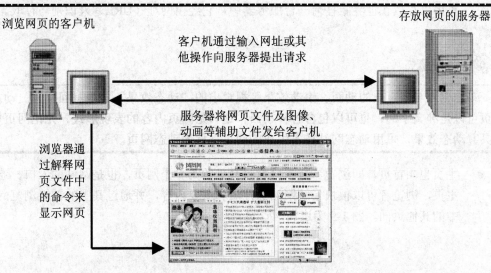

图 1-8　显示网页的过程

1.2.2 互联网

互联网（Internet），又叫因特网，它是目前世界上最大的计算机网络，将无数广域网、局域网及单机按照一定的通信协议组织在一起，方便了计算机之间的信息传递。

Internet 由计算机、网线和网络互联设备组成。Internet 中的计算机基本上可以分为三类：享受服务的、提供服务的和既享受又提供服务。比如我们用来上网的计算机，大部分都属于第一类，通常我们称其为客户机；而我们访问的网站所在的主机都是提供服务的，它们被称作服务器。

知识库

在制作好网站后需要将其传送到提供服务的主机上，其他计算机才能浏览其内容。

网线的作用是将所有的计算机都连接在一起，并充当它们之间联系的通道。

网络互联设备有很多，如交换机、路由器等，它们主要充当信息中转站。

1.2.3 网站、网页和主页

互联网能在人们的生活中占据重要地位，主要是各种网站的功劳。通过网站，人们足不出户就可以看新闻、读报纸、聊天，甚至可以买卖东西。下面分别列出了网站、网页和主页的概念。

● 通俗地讲，网站是多个网页的集合，各个网页通过超级链接构成一个网站整体。
● 网页分为动态网页和静态网页。动态网页可提供交互式的操作功能，如各种论坛、留言板和聊天室等都属于动态网页，人们可以在动态网页上发表自己的论点并浏览别人的论点。而静态网页则相反，它只供浏览者浏览，而不提供交互功能。网页可以存放在世界上任何一台服务器中，它经由网址（URL）来识别与存取。

知识库

动态网页与网页上的动画、滚动效果等视觉上的"动态效果"不是一回事儿。动态网页可以是纯文字的，也可以包含各种动画，这只是网页内容的表现形式，无论网页是否具有动态效果，采用动态网站技术生成的网页都称为动态网页。

● 主页也叫首页，即浏览者登录网站时看见的第一个网页，也是网站的入口。通过主页，浏览者可以很快了解网站的性质和主要内容，并通过其上的链接浏览网站中的其他页面，图1-9为逛街网首页。

1.2.4 IP 地址与域名

虽然互联网上连接了不计其数的服务器与客户机，但它们并不是杂乱无章的。每一个主机在互联网上都有唯一的地址，我们称这个地址为 IP 地址（Internet Protocol Address）。IP 地址由 4 个小于 256 的数字组成，数字之间用点间隔。例如，"61.135.150.126"就是一个 IP 地址。

图 1-9　逛街网首页

由于 IP 地址在使用过程中难于记忆和书写，人们又发现了一种与 IP 地址对应的字符来表示地址，这就是域名。每一个网站都有自己的域名，并且域名是独一无二的。例如，我们只需在浏览器地址栏中输入 www.sohu.com，就可以访问搜狐网站。

> 在创建好网站后需要申请域名，并上传网站，别人才能通过互联网看到你的网站。

1.2.5 网址

网址又叫 URL，英文全称是"Uniform Resource Locator"，即统一资源定位符。它是一种网络上通用的地址格式，用于标识网页文件在网络中的位置。

一个完整的网址由通信协议名称、域名或 IP 地址、网页在服务器中的路径和文件名 4 部分组成。例如，对于图 1-10 所示的网址 http://v.blog.sina.com.cn/a/520633.html，http 是超文本传输协议，v.blog.sina.com.cn 是域名，a 是指文件在服务器中的路径，520633.html 是指文件名。

图 1-10　网址示例

1.2.6　浏览器

上网浏览网页需要通过浏览器，目前大多数用户使用的是微软公司的 IE 浏览器（Internet Explorer），其他浏览器还有 Netscape Navigator、Mosaic、Opera、火狐等。国内厂商开发的浏览器主要有腾讯 TT、遨游（Maxthon Browser）等。

IE 是微软公司推出的免费浏览器，它最大的优点在于：直接绑定在 Windows 操作系统中，用户只要安装了 Windows 操作系统，就可以使用 IE 浏览器实现网页浏览。图 1-11 为 IE 浏览器的操作界面。

图 1-11　IE 浏览器操作界面

在制作网页时一定要考虑不同浏览者使用的浏览器，最好能在不同的浏览器上进行测试，尽量兼顾所有的浏览器，以使所有浏览者都能看到完整的网页。

实训 1　在浏览器中打开百度网站

【实训目的】
- 掌握域名、网址和浏览器的应用。

【操作步骤】

步骤 1▶　启动 IE 浏览器，在地址栏中输入百度网站域名 "www.baidu.com"，如图 1-12 所示。

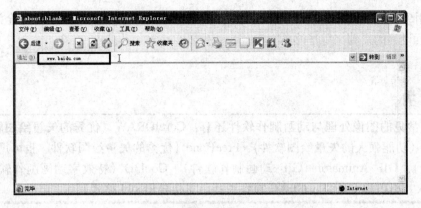

图 1-12 在 IE 地址栏中输入百度网站域名

步骤 2▶ 单击地址栏右侧的"转到"按钮 ，或按【Enter】键，地址栏中的域名自动变为网址"http://www.baidu.com/"，并打开百度网站首页，如图 1-13 所示。

图 1-13 打开百度网站首页

1.2.7 网站管理与网页制作相关软件

目前用于网站管理与网页制作的软件主要是 Dreamweaver。它支持 DHTML、Flash 动画、插件等，能实现动态按钮、下拉菜单等功能。另外，它还可以作为动态网站的开发环境。本书将以该软件为工作环境，并结合诸多实例带领大家共同走进网页设计的大门。

在进行网页制作时，除需要 Dreamweaver 外，还会用到 Fireworks、Flash、Photoshop 等辅助软件，这些软件的主要功能与特点如下：

- Fireworks：网页制作软件三剑客之一。主要用于制作网页图像、网站标志、GIF 动画、图像按钮与导航栏等。
- Flash：网页制作软件三剑客之一。主要用于制作矢量动画，如广告条、网站片头 动画、动画短片、MTV 等。此外，利用该软件还可以制作交互性很强的游戏、网页、课件等。
- Photoshop：Adobe 公司出品的一个优秀而强大的图形图像处理软件，起初它的应

用领域主要是平面设计而不是网页设计，但是它所具有的强大功能完全涵盖了网页设计的需要（除了多媒体）。

提示

比较常见的图像处理与动画制作软件还有：CorelDRAW（优秀的矢量绘图软件）、Illustrator（功能强大的矢量绘图软件）、FreeHand（优秀的矢量绘图软件，也可用来制作网页图像）、GIF Animator（GIF 动画制作软件）、Cool3D（特效字动画制作软件）及 SwishMax（小巧却十分强大的动画制作工具，支持导出 swf 格式）等。

1.2.8　XHTML 语言简介

XHTML 是 Extensible HyperText Markup Language(可扩展超文本标记语言)的英文缩写，它的前身是 HTML。由于 HTML 代码烦琐，结构松散，所以推出了 XHTML。也可以说，XHTML 是 HTML 的一个升级版本。

XHTML 语言是网页制作的基础，在网页制作软件出现之前，人们是靠手写代码来制作网页的。我们在 Dreamweaver 的可视化环境中制作网页时，系统自动将这些设计"翻译"成了 XHTML 语言，并保存在网页文档中。因此，我们使用 Dreamweaver 制作网页的过程，实际上就是编写 XHTML 语言的过程。

虽说 Dreamweaver 已经实现了可视化编辑，但适当地掌握一些 XHTML 语法还是非常有益的。在 Dreamweaver 中新建文档便可创建一个简单的 XHTML 文档，如图 1-14 所示。

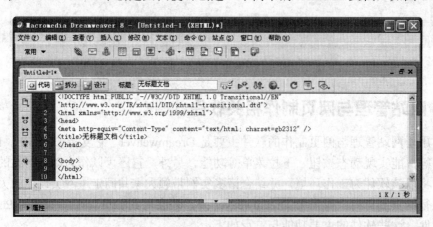

图 1-14　在 Dreamweaver 中创建的 XHTML 文档

其中的 <!DOCTYPE html PUBLIC "-//W3C//DTD XHTML 1.0 Transitional//EN" "http://www.w3.org/TR/xhtml1/DTD/xhtml1-transitional.dtd">，以 DOCTYPE 开头，也可称为 DOCTYPE 指定代码，它是 XHTML 的格式标记，用来告诉浏览器代码的类型，这里的代码类型是 xhtml1.0 transitional。

XHTML 语言的核心是标签（或者称为标记）。也就是说，我们在浏览网页时看到的文字、图像、动画等在 XHTML 文档中都是用标签来描述的。一个完整的 XHTML 文档由<html>标签开始，由</html>标签结束，所有的 HTML 代码都应写在<html>标签与</html>标签之间。

起始标签<head>与结束标签</head>之间的内容是 XHTML 文档的头部，其中主要包括：由"meta"对象声明的页面类型（"text/html"）和编码方式（"gb2312"），由起始标签<title>和结束标签</title>指明的文档标题，以及由起始标签<style>和结束标签</style>构成的 CSS 层叠样式表（第 6 章将会做详细介绍）。另外，我们还可以在这里加入由起始标签<script>和结束标签</script>包含的 JavaScript 脚本代码。

起始标签<body>和结束标签</body>之间是 XHTML 文档的主体，也是我们进行网页设计的主要部分。

1.2.9　脚本语言简介

脚本语言是基于对象的编程语言，网页中常用的有 VBScript、JScript 和 JavaScript，主要用来制作一些特殊效果，以弥补 XHTML 的不足。现在有很多网站都提供网页特效的下载，这些网页特效便是用脚本语言制作的，其形式如图 1-15 所示。

图 1-15　脚本语言形式

VBScript 和 JScript 是微软的产品，IE 都支持。JavaScript 是 Netscape 的产品，不仅适用于 Netscape，同时和 IE 也有很好的兼容性，可以说是一种通用的脚本语言。本书中的脚本语言主要以 JavaScript 为例。

实训 2　无缝滚动效果的实现

【实训目的】
● 认识 XHTML 和脚本语言在网页制作中的作用。

【操作步骤】
步骤 1▶　所谓无缝滚动效果，就是多张不同的图片在屏幕上做横向或纵向的移动，效果如图 1-16 所示（源文件位于本书附赠的"\素材与实例\常用网页特效\无缝滚动"文件夹中）。

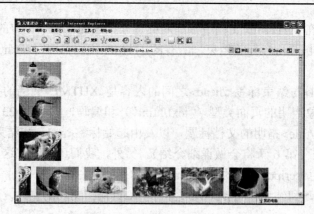

图 1-16　无缝滚动效果

步骤 2▶　该效果是通过什么技术来实现的呢，下面我们就来看一下它的庐山真面目。在 Dreamweaver 中打开该网页文件，并切换至代码视图，如图 1-17 所示。

图 1-17　无缝滚动效果代码

由图 1-17 不难看出，该效果是使用 XHTML 和 JavaScript 技术实现的。

1.3　网站建设流程

新手在制作网站时往往不知道从何入手。针对这种情况，本节将简要向读者介绍一下网站建设流程。

1.3.1 网站需求分析

在整个网站建设中，网站需求分析是一个非常重要的环节，它关系到后面的整个制作过程和网站整体质量，所以一定要认真对待。

1．确定网站主要内容

建设网站要有目的性，首先要确定网站的性质和受众，并预期网站发布后的反响。之后就要开始组织网站内容，如果是企业宣传网站，受众是与其相关的企业或个人，主要内容应该是企业的经营项目、企业背景和企业所获殊荣等；如果是电子商务网站，受众就是消费者，主要内容就应该是商品的各种信息；如果是个人主页，那么所有你感兴趣的东西都可以成为网站内容。

2．规划网站主要栏目

确定了网站内容后，就要开始进行网站规划。例如，将网站的内容划分成哪些栏目，从而使网站既便于浏览者的浏览，也有利于网站将来的维护和更新。

此外，在网站的每个主栏目下可能还有子栏目，这些都应该在具体制作网站之前先划分清楚。图 1-18 显示了一个小型企业网站的网站栏目结构图。

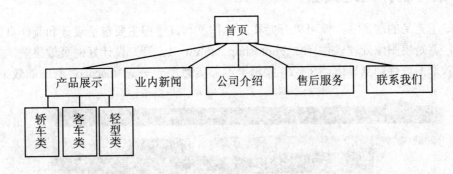

图 1-18 网站栏目结构图

3．收集网站所用素材

在制作网站之前，应首先收集好制作网站时要用到的素材，包括文字资料、图片、动画、声音、视频等。这些材料可以是企业提供的各种材料和调查结果，也可以来自网络和图片库等媒体，收集材料时要保证其真实、合法性。对于一些原始的材料可以使用 Photoshop、Fireworks、Flash 等软件进行处理，以使其更好地应用于网页。

提供网页素材下载的网站有韩国设计网（http://www.krwz.com/）、3lian 素材网（http://www.3lian.com/）、网页制作大宝库（http://www.dabaoku.com/）、中国站长站（http://www.chinaz.com/）和素材中国（http://www.sccnn.com/）等。图 1-19 显示了韩国设计网的首页。

图 1-19　韩国设计网首页

1.3.2　设计制作网站页面

在做好了充足的准备后，就可以开始实际操作了。该过程主要包括设计和制作页面，所谓设计，就是用图像处理软件（如 Photoshop、Fireworks 等）设计好网页效果图，并将设计好的效果图进行切割导出，图 1-20 显示了本书实例之一——"macaco"网站的效果图。

图 1-20　"买肯抠"网站效果图

像 Photoshop、Fireworks 等图像处理软件，一般都有切割图片的功能。

将切割好的图片进行导出后，就可以在 Dreamweaver 中组织网站内容了。包括输入文本、插入图片、动画等。此外，还可根据需要为网页增加一些特效，比如闪烁的字幕、跳出动画、可变换形状的鼠标指针等，这些多是通过 JavaScript 实现的。这些特效可以使网页看起来更活泼，从而为网页增色不少。

1.3.3 空间和域名申请

要使别人能通过互联网访问你的网站，就需要将其上传到服务器上，并拥有一个属于自己的域名。这就需要申请虚拟空间和域名。

1．申请虚拟空间

所谓虚拟空间，就是互联网上的一台功能相当于服务器级的电脑或虚拟主机，该电脑要用专线或其他形式 24 小时与因特网相连。

所谓虚拟主机是指：在一台电脑中运行着为多个用户服务的服务器程序，各个程序之间互不干扰。每个虚拟主机都具有独立域名和 IP 地址，在外界看来，这些虚拟主机和一台完整的主机一样。

服务器不仅可以存放公司的网页，为浏览者提供浏览服务，还可以充当"电子邮局"的角色，收发公司的电子邮件。根据需要，还可以在服务器上添加各种各样的网络服务功能，前提是有足够的技术支持。

目前来说，服务商能够提供的虚拟空间模式主要有两种：主机托管和虚拟主机，用户可根据自己网站的规模和功能模块进行选择。要申请虚拟空间，只需登录到任何一家提供虚拟空间服务的网站即可，如"e 网通"（http://www.ewont.com）、"你好万维网"（http://www.nihao.cn）、"中资源"（http://web.114.com.cn）、"中国万网"（http://www.net.cn/）、"西部数码"（http://www.netinter.cn/）等。当然，这需要一定的费用，图 1-21 为中资源网站的首页。

2．申请域名

域名的概念已经在前面做了简单介绍，这里不再赘述。域名的申请方法与虚拟空间相同，凡提供虚拟空间服务的网站一般都提供域名服务。

1.3.4 测试和发布网站

有了空间和域名后，就可以测试并发布网站了，网站测试一般包括服务器稳定和安全测试、程序和数据库测试、网页兼容性测试等。

可以先在本地计算机上使用服务器软件，如 IIS，来进行网站测试。如果在本地计算机可以正常运行，便可以利用 Dreamweaver 或专门的 FTP 软件将已完成的网站上传至虚拟主机，进行下一步的测试。为确保网站稳定可靠，可以使用不同的系统和浏览器多次登录进行测试。测试通过后，网站就可以被访问了。

图 1-21　中资源网站首页

1.3.5　网站推广

网站制作好后，还要进行宣传推广，不然被淹没在浩如烟海的网络海洋中，也就起不到建立站点的作用了，那么如何推广呢，下面讲述几种常用的方法。

（1）注册到搜索引擎

目前最经济、实用和高效的网站推广形式就是搜索引擎登录，比较有代表性的搜索引擎有：百度（www.baidu.com）、Google（www.google.cn）、雅虎（www.yahoo.com.cn）、搜狐（www.sohu.com）等。

（2）交换广告条

现在有很多提供广告交换信息的网站，我们称之为广告交换网。登录到该类网站，注册并填写一些主要信息，即可与其他网站进行广告交换。图 1-22 是提供广告交换的阿里妈妈网站（http://www.alimama.com/）。

另外，也可以跟一些合作伙伴或者朋友的网站交换链接，很多网站都设有链接栏目。

（3）宣传

将网站网址印在公司每个人的名片和公司宣传册上，向自己的客户宣传网站。

（4）网络广告

可以在一些大型的门户网站上放上宣传自己公司的横幅广告。

（5）报纸、杂志

可以在传统的媒体（如报纸、杂志等）上登广告宣传自己的网站。

图 1-22　阿里妈妈网站

课后总结

本章主要讲述了一些网页基础知识，如网页构成要素，网页本质、IP 地址与域名、网址、浏览器以及网站建设流程等。只有了解了这些基础知识，才能更好地学习后面的内容。

思考与练习

一、填空题

1．站标也叫_____，是网站的标志，其作用是使人看见它就能够联想到企业。

2．广告条又称_____，其功能是宣传网站或替其他企业做广告。

3．由于 IP 地址在使用过程中难于记忆和书写，人们又发现了一种与其对应的字符来表示地址，它就是_____。

4．_____又叫 URL，英文全称是"Uniform Resource Locator"，即统一资源定位符，它是一种网络上通用的地址格式，用于标识网页文件在网络中的位置。

5．在进行网页制作时，除了需要 Dreamweaver 外，还会用到_____、_____、Photoshop 等辅助软件。

6．_____是 EXtensible HyperText Markup Language（可扩展超文本标记语言）的英文缩写，它的前身是 HTML。由于 HTML 代码烦琐，结构松散，所以推出了_____。也可以说，_____是 HTML 的一个升级版本。

二、问答题

1. 请简述网站建设的流程。

2. 指出图 1-23 中所示网页的站标、导航条、标题栏和广告条。

图 1-23 "我爱打折"网站主页

第 2 章　Dreamweaver CS3 入门

【本章导读】

　　Dreamweaver CS3 集网页制作和网站管理于一身，利用它不仅可以轻而易举地制作出各种充满动感的网页，还可以非常方便地管理网站中的文件和文件夹。本章将首先简要介绍 Dreamweaver CS3，然后依次介绍网站创建与管理和页面总体设置。

【本章内容提要】

- 初识 Dreamweaver CS3
- 网站创建与管理
- 页面总体设置

2.1　初识 Dreamweaver CS3

　　在了解了网页基础知识后，下面我们就来初步认识一下 Dreamweaver CS3，看看它是如何启动和退出的，它的工作界面都由哪些元素组成，这些元素各自的用途是什么，网页文档又是如何创建、保存和关闭的。

实训 1　熟悉 Dreamweaver CS3 工作界面

【实训目的】

- 了解启动和退出 Dreamweaver CS3 的方法。
- 熟悉 Dreamweaver CS3 工作界面中各组成元素的名称和用途。

【操作步骤】

步骤 1▶ 安装 Dreamweaver CS3 后，单击桌面左下角的"开始"按钮 ，选择 "所有程序">"Adobe Design Premium CS3">"Adobe Dreamweaver CS3"，就可以启动 Dreamweaver CS3 了，如图 2-1 左图所示。

步骤 2▶ 进入 Dreamweaver CS3 后，首先显示其起始页。通过起始页可以直接打开最近使用过的文档或其他文档，也可以创建新文档，如图 2-1 右图所示。

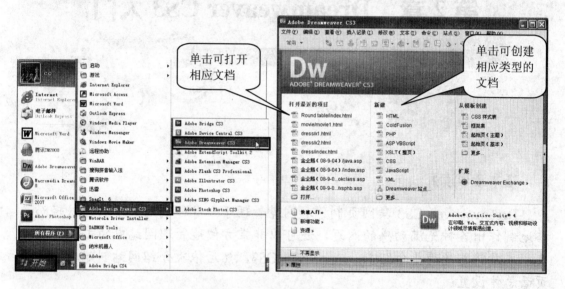

图 2-1　启动 Dreamweaver CS3

步骤 3▶ 当在图 2-1 右图所示的起始页中单击"新建"列的第一项"HTML"后，将会创建一个".html"格式的新文档，并进入 Dreamweaver CS3 工作界面，如图 2-2 所示。

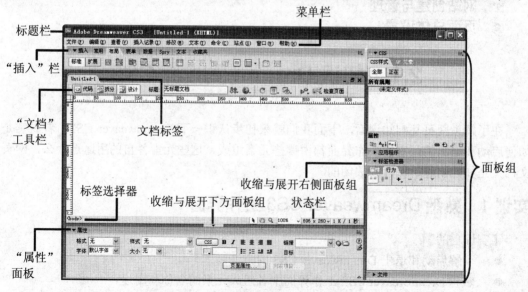

图 2-2　Dreamweaver CS3 工作界面

步骤4▶ 由图 2-2 可以看出，Dreamweaver CS3 的工作界面由标题栏、菜单栏、"插入"栏、"文档"工具栏、文档窗口、状态栏、"属性"面板和面板组等组成，下面简要介绍各组成部分的特点和用途。

- 标题栏：位于界面顶部，左侧显示软件名称和文档标题，右侧显示程序窗口控制按钮，包括"最小化窗口"按钮、"最大化窗口"按钮和"关闭窗口"按钮。

- 菜单栏：位于标题栏下方，几乎集中了 Dreamweaver CS3 的全部操作命令，利用这些命令可以编辑网页、管理站点以及设置操作界面等。要执行某项命令，可首先单击主菜单名打开主菜单，然后用鼠标单击某个子菜单项即可，如图 2-3 所示。

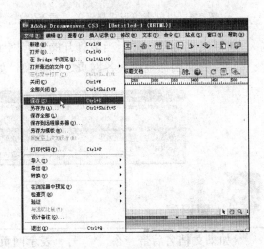

图 2-3 打开菜单

- "插入"栏：包含各种类型的对象按钮（如图像、表格和层等），通过单击这些按钮，可将相应的对象插入到文档中。默认状态下，"插入"栏中显示的是网页中最常用的对象按钮组，即"常用"插入栏。单击"插入"栏左侧的"常用"按钮可打开一个下拉列表，从中选择其他选项可以改变"插入"栏的类别，如图 2-4 所示。某些按钮的右侧带有一个小三角符号"▼"，这表示该按钮具有同位按钮组，单击该三角符号▼将弹出其同位按钮组，如图 2-5 所示。

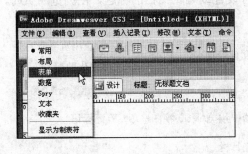

图 2-4 改变"插入"栏类别

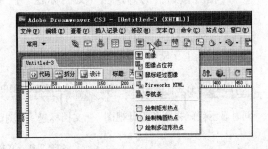

图 2-5 打开同位按钮组

知识库

在图 2-4 中的下拉列表中选择"显示为制表符"，则插入栏将以制表符形式显示，此时要在各类别间切换，可单击相应的类别名，如图 2-6 所示。如要切换至菜单形式，可右键单击"插入"栏名称，在弹出的快捷菜单中选择"显示为菜单"，如图 2-7 所示。

图 2-6 以制表符形式显示的"插入"栏

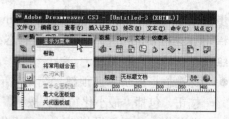

图 2-7 切换"插入"栏形式

● 文档标签：显示当前打开的所有网页文档名称。当用户打开多个网页时，通过单击文档标签可在各网页之间切换，如图 2-8 所示。

图 2-8 文档标签

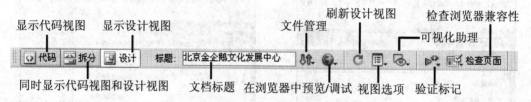

知识库

　　如果文档名后带一个"*"号，表示网页已修改但未保存。如要关闭某文档，可先切换至该文档，然后单击右侧的"关闭"按钮✕。另外，单击"最小化"▬或"向下还原"▣按钮可相应地最小化或还原文档窗口。

● 文档工具栏：包括可对文档进行操作的按钮，各按钮名称及其意义如图 2-9 所示。默认状态下，文档窗口中显示的是设计视图，如要显示其他视图，可单击左侧的相应按钮；另外，在"文档标题"栏中可设置或编辑文档的标题，在浏览网页时，该标题将显示在浏览器的标题栏中。

图 2-9 文档工具栏

知识库

　　默认状态下，文档窗口中显示设计视图，在设计视图中可以直接编辑网页中的各个对象；单击"代码"按钮，可显示代码视图，代码视图以不同的颜色显示 HTML 代码，方便用户区分各种标签并对代码进行编辑；单击"拆分"按钮，将在文档窗口中的一部分显示代码视图，另一部分显示设计视图，这样当用户在代码视图中编辑 HTML 源代码后，单击设计视图中的任意位置，会立刻看到相应的编辑结果。

● 状态栏：位于文档窗口下方，如图 2-10 所示。左侧是标签选择器，其中显示了光标所在位置的标签的层次结构。单击某个标签可以选中网页中该标签所代表的内容，如单击"<table>"标签，可选中网页中与之对应的表格。右侧是与文档窗口相关的一些工具，其中，使用"缩放"工具 🔍 可以放大或缩小文档。如要放大文档，可在选择该工具后，在页面上需要放大的位置上单击；如要缩小文档，可在按住【Alt】键的同时，在页面上单击。如果页面内容超出当前窗口，要平移页面，可选择"手形"工具 ✋，然后在页面中单击并拖动。

图 2-10　状态栏

　　标签是 HTML 语言的核心，网页中的文本、图像和动画等在 HTML 文档中都是用标签来描述的，比如表格标签是<table>，行标签是<tr>等。另外，标签选择器中显示对象层次结构的方式为自左向右，也就是说，在标签选择器中的位置越靠左，对象覆盖的范围就越大，如本例中最左边的"body"标签表示整个网页。

● "属性"面板：位于工作界面底部，主要用于查看或编辑所选对象的属性。例如，单击选中网页中的图像时，可利用"属性"面板设置图像的路径、链接网页等；在表格单元格中单击时，"属性"面板如图 2-11 所示。

　　此时，利用"属性"面板可设置单元格中文本的格式、字体、样式、大小、颜色、粗体或斜体、对齐和列表方式，以及单元格的水平和垂直对齐方式、背景图像、背景颜色、边框颜色等。

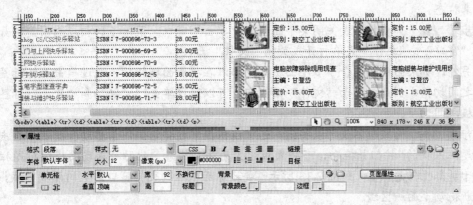

图 2-11　在单元格中单击时的"属性"面板

- 面板组：除"属性"面板外，Dreamweaver CS3 还为用户提供了众多面板，如"文件"面板、"历史记录"面板等。为便于管理，Dreamweaver CS3 将这些面板归入到不同的面板组中。例如，"文件"面板组就包括了"文件"面板、"资源"面板和"代码片断"面板，如图 2-12 左图所示；"CSS"面板组就包括了"CSS 样式"面板和"AP 元素"面板，如图 2-12 右图所示。不过，并非所有面板组都包含了多个面板。例如，"框架"面板组就只包含了一个面板。

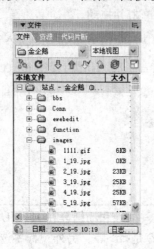 

图 2-12　"文件"面板组和"CSS"面板组

实训 2　面板基本操作

【实训目的】

- 练习面板和面板组的基本操作。

【操作步骤】

步骤 1▶　Dreamweaver CS3 的工作界面并不是一成不变的，可根据实际需要，对其进行各种调整。例如，要关闭所有面板和面板组，可按【F4】键；再次按【F4】键，可恢复原来状态。

步骤 2▶　如要打开或关闭某个面板，可单击"窗口"菜单下的相应选项。例如，可选择"窗口" > "文件"菜单打开或关闭"文件"面板。

另外，如果面板组包含了多个面板，则可以在打开面板组后，通过单击面板标签在各面板之间切换。例如，对于"文件"面板组，可以通过单击"文件"和"资源"标签在两个面板之间切换。

步骤 3▶　面板组不仅可以关闭，还可以根据需要将它们任意移动和隐藏。单击面板组标题栏左侧的 按钮并拖动，可将面板组变为浮动状态。此时可拖动面板组标题栏，将其置于屏幕上任意位置，如图 2-13 所示。要还原面板组到文档窗口右侧的面板区域，可将其重新拖动至面板区域。

 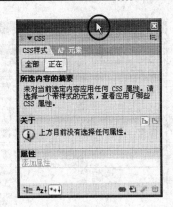

图 2-13　浮动面板

步骤 4▶ 单击面板组名称左侧的三角符号▼，可将面板组隐藏，并且▼符号变为▶符号。此时单击▶符号，可以重新显示隐藏的面板组，如图 2-14 所示。

步骤 5▶ 单击面板组右上角的符号，在弹出的菜单中选择"关闭面板组"，可关闭面板组，如图 2-15 所示。

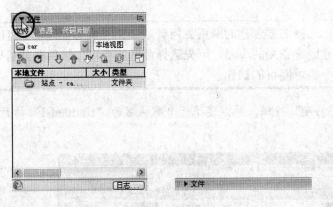

图 2-14　隐藏、显示面板组　　　　　图 2-15　关闭面板组

步骤 6▶ 单击面板区域左侧的符号，可隐藏整个面板区域，并且符号变为符号；如要重新显示面板区域，可单击符号。

实训 3　网页文档基本操作

【实训目的】

● 练习新建、保存、关闭、打开和预览网页文档的方法。

【操作步骤】

步骤 1▶ 要新建网页文档，可选择"文件" > "新建"菜单，打开"新建文档"对话框。在左侧的"文档类型"列表中选择第 1 项"空白页"，在"页面类型"列表中选择"HTML"，在"布局"列表中选择"无"，如图 2-16 所示。

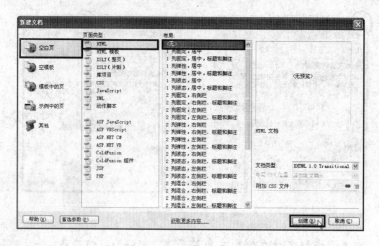

图 2-16　"新建文档"对话框

在"页面类型"列表中可以选择需要创建的网页文档类型。在"布局"列表中可以选择不同的布局类别。如要创建固定布局的页面，可先选择合适的类别，然后在其基础上做适当的修改，即可完成一个简单网页的制作。

步骤 2▶　设置完后单击"创建"按钮，就创建了一个默认名为"Untitled-1"的新文档，如图 2-17 所示。

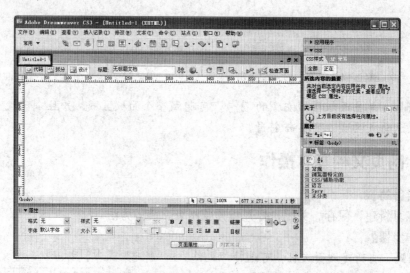

图 2-17　创建新文档

步骤 3▶　要保存网页文档，可选择"文件">"保存"菜单，或按【Ctrl+S】组合键，弹出"另存为"对话框，在该对话框的"保存在"下拉列表中选择保存文档的文件夹，在

"文件名"编辑框中输入文档名，如图 2-18 所示。设置完后单击"保存"按钮，就将文档保存在了选择的文件夹中。

.提　示.

> 　　如果文档已经保存过，对其编辑后再次保存时就不会弹出"另存为"对话框了。如果希望将文档换名保存，可选择"文件">"另存为"菜单，在打开的对话框中进行设置。

步骤 4▶　关闭文档的操作相当简单，只需单击相应文档右上方的"关闭"按钮▣（或按【Ctrl+W】组合键）即可。执行该操作时，如果文档已被修改，系统会弹出提示框，询问是否保存修改，如图 2-19 所示。如果文档未命名，此时系统还会打开"另存为"对话框，提示用户命名文档。

下面我们来了解一下网站中文档和文件夹的命名规则。

● 静态的首页文件一般命名为"index.html"。如果是包含程序代码的动态页面，比如 ASP 文件，则命名为"index.asp"。总之，后缀名与网页本身所使用的技术是对应的。

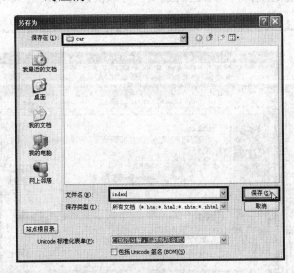

图 2-18　保存文档　　　　　　　　　　　图 2-19　提示框

● 最好不要使用中文命名文件和文件夹（包括根文件夹），因为在使用 Unix 或 Linux 作为操作系统的主机上，使用中文命名的文件会出错。
● 文件名中不要使用大写英文字母，因为 Unix 操作系统区分英文字母大小写，而 Windows 操作系统不区分英文字母大小写。因此，为了保证网站发布后不致出错，文件名最好全部使用英文小写字母。
● 运算符符号不能用在文件名的开头。
● 比较长的文件名可以使用下划线"_"来隔开多个单词或关键字。

● 在大型网站中，分支页面的文件应存放在单独的文件夹中，每个分支中的图像也
应该存放在单独的文件夹中，存放网页图像的文件夹一般命名为"images"或者
"img"。

● 在动态网站中，用来存放数据库的文件夹一般命名为"data"或者"database"。

本书中提到的所有网站图像文件夹一律命名为"images"。

步骤 5▶ 除常用的新建、保存和关闭文档操作外，有时还需要打开某个文档进行编
辑。要打开文档，可选择"文件" > "打开"菜单（或按【Ctrl+O】组合键），弹出"打开"
对话框。在"查找范围"下拉列表中选择文档所在文件夹，在文件列表中选择要打开的文
档，单击"打开"按钮，即可打开所选择的文档，如图 2-20 所示。

另外，单击起始页左侧"打开最近的项目"列表区的某项，可以快速打开最近编辑
过的文档。

图 2-20　打开文档

步骤 6▶ 在对网页进行编辑操作后，通常需要预览一下编辑效果。如要预览文档，
可在打开文档后单击"文档"工具栏中的"在浏览器中预览/调试"按钮，在弹出的菜单
中选择"预览在 IExplore"菜单项（或直接按【F12】键），在浏览器中打开文档，如图 2-21
所示。

> 如果在预览文档之前未执行"保存"命令，则系统会弹出提示框，询问是否保存文档，单击"是"按钮即可。

图 2-21　预览文档

2.2　网站创建与管理

创建网站的第一步是确定本地站点的目录结构，并准备好相应的素材文件，然后在 Dreamweaver 中定义站点并创建网页，下面我们来看具体内容。

实训 1　确定站点目录结构

【实训目的】
- 了解确定站点目录结构的方法。

【操作步骤】

步骤 1▶　为便于以后管理和维护网站，在开始创建网页之前，最好先确定站点的目录结构。要确定站点目录结构，首先要在本地磁盘上创建用来保存网站内容（包括网页文件和图像、动画等）的文件夹，该文件夹被称为站点根文件夹。

步骤 2▶　为便于管理站点中的内容，还要根据网站栏目结构图在站点文件夹中创建若干子文件夹，以存放不同类型的文件。图 2-22 显示了"jqe"网站的站点目录结构。

步骤 3▶　在开始网页制作之前，最好将网站中用到的所有文件都分类放置在站点文件夹中。比如，网页文件放在根目录下，图像文件放在 images 文件夹里，动画文件放在 swf 文件夹里，以便更顺利地完成站点的创建。

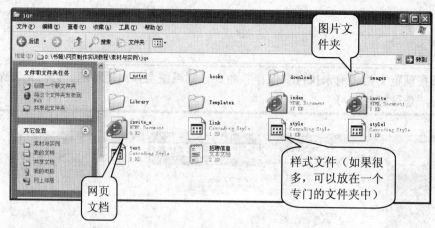

图 2-22　"jqe" 网站目录结构

实训 2　在 Dreamweaver 中定义站点

【实训目的】

● 练习在 Dreamweaver 中定义站点的方法。

【操作步骤】

步骤 1▶　首先在本地磁盘上创建一个文件夹，并重命名文件夹为你需要的名称（此处为 "car"），将其作为站点根文件夹。

步骤 2▶　启动 Dreamweaver CS3 后，选择 "站点" > "新建站点" 菜单，打开 "未命名站点 1 的站点定义为" 对话框。单击 "基本" 选项卡，在上面的编辑框中输入 "car"，作为站点名称，然后单击 "下一步" 按钮，如图 2-23 左图所示。

步骤 3▶　由于我们创建的是静态站点，因此，在接着弹出的对话框中选择 "否，我不想使用服务器技术" 单选钮，然后单击 "下一步" 按钮，如图 2-23 右图所示。

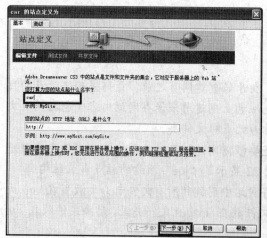 

图 2-23　设置站点名称和服务器技术

如果你的网站中包含动态网页，此处应选择"是，我想使用服务器技术"单选钮。

步骤4▶ 在接下来弹出的对话框中选择"编辑我的计算机……"单选钮，单击"您将把……"编辑框后的文件夹图标▢，在打开的选择根文件夹对话框中选择站点文件夹，然后单击"选择"按钮，如图 2-24 所示。

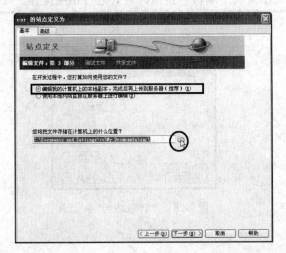

图 2-24　设置网站编辑方式和站点根文件夹

步骤5▶ 回到"car 的站点定义为"对话框，单击"下一步"按钮。由于现在只是在本地编写和调试网页，故不需要连接到远程服务器，在"您如何……"下拉列表中选择"无"，如图 2-25 所示。

步骤6▶ 单击"下一步"按钮，系统显示所设参数的总结，如图 2-26 所示。单击"完成"按钮，便完成了站点的创建。

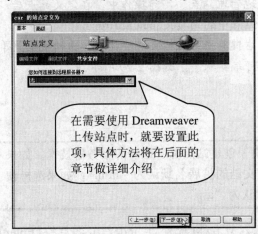
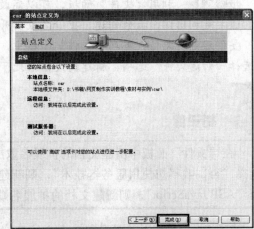

图 2-25　设置连接远程服务器的方法　　　　图 2-26　所设参数总结

步骤 7▶ 选择"窗口">"文件"菜单，打开"文件"面板，可以看到"文件"面板中显示了新创建的站点，如图 2-27 所示。

知识库

在 Dreamweaver 中可定义多个站点，如果需要删除、复制或编辑某个站点，可选择"站点">"管理站点"菜单，打开"管理站点"对话框（参见图 2-28），然后在该对话框中选择相应站点，并单击"删除"、"复制"或"编辑"按钮，对其进行相应操作。

图 2-27　"文件"面板中显示新创建的站点

图 2-28　"管理站点"对话框

实训 3　"文件"面板的应用

【实训目的】
- 练习使用"文件"面板管理站点的方法。
- 练习在"文件"面板中快速创建和打开网页文档的方法。
- 练习在"文件"面板中创建文件夹的方法。

【操作步骤】

步骤 1▶ 利用"文件"面板，可以高效地管理站点。实际操作中，在定义站点后，我们通常是利用该面板来创建、重命名或打开站点中的网页文档或文件夹。

要创建网页文档，可在"文件"面板中，右键单击站点根文件夹，在弹出的快捷菜单中选择"新建文件"选项，新建的文档名处于可编辑状态，如图 2-29 所示。

知识库

在"文件"面板中所建文档的扩展名取决于创建站点时所选择的服务器技术。如果选择"否，我不想使用服务器技术"，则新建文档的扩展名默认为"html"；如果选择使用"ASP JavaScript"，则新建文档的扩展名默认为"asp"。

步骤 2▶ 单击并拖动鼠标选中文档名，输入新名称（此处为"index"），之后按【Enter】

键确认，如图 2-30 所示。

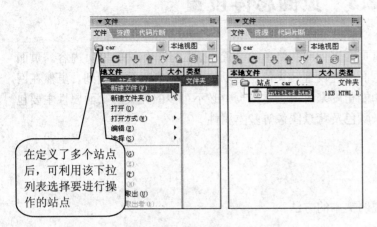

在定义了多个站点后，可利用该下拉列表选择要进行操作的站点

此处需要注意不要改变文档的扩展名

图 2-29　创建文档　　　　　　　　　　　　　图 2-30　重命名文档

步骤 3▶　要新建文件夹，可在目标文件夹上单击鼠标右键，在弹出的快捷菜单中选择"新建文件夹"选项，即可在目标文件夹中新建一个文件夹，如图 2-31 所示。

步骤 4▶　参照重命名网页文档的方法，将文件夹重命名为"images"，以存放网站中用到的图像文件，如图 2-32 所示。

图 2-31　新建文件夹　　　　　　　　　　　图 2-32　重命名文件夹

步骤 5▶　要删除网页文档或文件夹，可以右击文档或文件夹，然后在弹出的快捷菜单中选择"编辑" > "删除"选项，也可在选中文档后，直接按【Delete】键删除。

步骤 6▶　除上述操作外，在"文件"面板中还可以非常方便地打开文档。双击"文件"面板中的网页文档，可在文档编辑窗口中打开该文档。

步骤 7▶　要重命名现有的网页文档或文件夹，可首先选中文档或文件夹，然后单击文档名或文件夹名（或按【F2】键），接着输入新名称即可。重命名文档时，注意不要更改其扩展名。

2.3　页面总体设置

　　新建网页后，一般都要对页面进行一些简单的设置，然后才开始编辑网页内容。页面总体设置主要包括头信息和页面属性设置。头信息可以使网页更容易被搜索到，虽然在网页上看不到它的效果，但从功能角度来讲，它是网页中必不可少的元素；页面属性主要包括文档的标题、页边距、背景颜色及背景图像等基本属性。

实训 1　设置头信息

【实训目的】
● 　掌握插入关键字和说明文本的方法。

【操作步骤】

步骤 1▶　在 Google、baidu、Yahoo 等搜索引擎中搜索网页时，不是检索网页的整个内容，而是只检索网页中的关键字，如果想要自己的网页能够被搜索引擎检索到，则最好把关键字设定为人们经常使用的词语。

步骤 2▶　单击"常用"插入栏中的"文件头"按钮⬚，在打开的下拉列表中选择"关键字"，打开"关键字"对话框，在"关键字"编辑框中输入要为网页设置的关键字，各个关键字之间用逗号隔开，如图 2-33 所示。

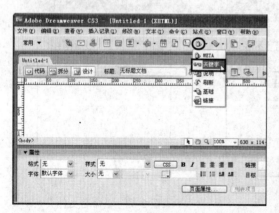

图 2-33　插入关键字

步骤 3▶　单击"确定"按钮，插入关键字。为确认所插入的标签，单击"拆分"按钮，在文档窗口上方打开"代码"视图，可以看到在<head>标签里插入了<meta>标签，如图 2-34 所示。

步骤 4▶　除关键字外，搜索引擎在检索网页时还会查看网页中的说明文本。单击"常用"插入栏中的"文件头"按钮⬚，在打开的下拉列表中选择"说明"，打开"说明"对话框，在"说明"编辑框中输入对网页的描述性文本，如图 2-35 所示。

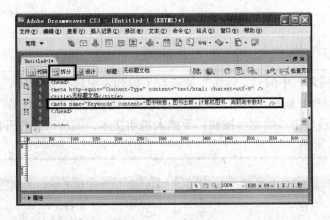

图 2-34　在"代码"视图中查看关键字效果

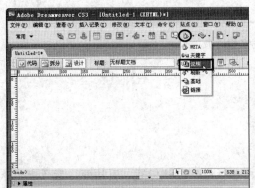

图 2-35　设置说明文本

步骤 5▶ 单击"确定"按钮，插入说明文本。可参考查看关键字的方法，查看插入的说明文本，如图 2-36 所示。

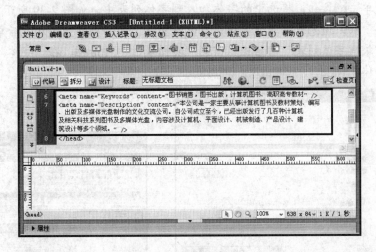

图 2-36　查看说明文本

在"常用"插入栏中的"文件头"按钮 下拉列表中选择"META"，也可插入关键字、说明文本等 Meta 标签。例如，要插入关键字，可在打开的"META"对话框中设置属性和内容，然后单击"确定"按钮；要插入说明文本，同样可在打开的对话框中进行设置，如图 2-37 所示。

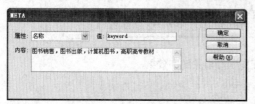 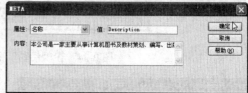

图 2-37　插入关键字和说明文本

实训 2　设置页面属性

【实训目的】

● 掌握设置网页基本属性的方法。

【操作步骤】

步骤 1▶　页面属性主要包括页面字体、文本颜色、文档标题、页边距、背景颜色和背景图像等。单击"属性"面板上的"页面属性"按钮（或按【Ctrl+J】组合键），打开"页面属性"对话框，如图 2-38 所示。

步骤 2▶　在"页面字体"下拉列表中选择一种字体。如果没有想要的字体，可选择"编辑字体列表"选项，打开"编辑字体列表"对话框，在"可用字体"列表框中选择一种字体，然后单击 按钮，将选中的字体加入到字体列表中，如图 2-39 所示。

步骤 3▶　如果还想添加其他字体，可继续执行上面的操作。添加完后单击"确定"按钮，关闭"编辑字体列表"对话框，回到"页面属性"对话框，在"字体"下拉列表中选择想要的字体。

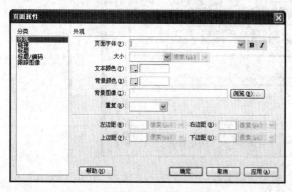 

图 2-38　"页面属性"对话框　　　　　　　图 2-39　"编辑字体列表"对话框

步骤 4▶ 在"大小"下拉列表中可设置网页文本的大小；单击"文本颜色"后的□按钮，在弹出的调色板中设置网页文本的颜色；采用同样的方法可设置网页的背景颜色；单击"背景图像"编辑框后的"浏览"按钮，将打开"选择图像源文件"对话框，在对话框中选择要设置为背景图像的图片，然后单击"确定"按钮，可将其设置为网页背景，如图2-40 所示。

图 2-40 设置网页背景

如果所选图片不在站点根文件夹中，Dreamweaver 会弹出提示框，询问是否将图片复制到站点根文件夹中。单击"是"，系统将自动复制图片到站点根文件夹中。

一般情况下，最好不要将图像设置为网页背景，因为这会影响网页的下载速度，尤其是在网页浏览量较大时。如果一定要将图像设置为网页背景，也应尽可能选择尺寸较小的图片，使图片以平铺的方式填充整个网页。

步骤 5▶ 在表示边距的四个编辑框里分别输入边距值（指网页有效内容区距离网页上、下、左、右边界之间的距离），一般设置为0。单击左侧"分类"列表中的"链接"选项，可设置网页中链接文本的颜色，如图 2-41 所示。"链接"指向我们要访问的目标文档或其他元素，从而使我们可以从一个页面跳转到另一个页面，其具体内容将在第 5 章中做详细介绍。

在实际的网页制作中，文本和链接属性一般不在"页面属性"中设置，而是用 CSS 样式设置，那样既方便又快捷，CSS 样式的概念及应用将在第 6 章中做详细介绍。

步骤 6▶ 单击左侧"分类"列表中的"标题/编码"选项，在"标题"编辑框中输入网页标题，一般是表示网页特征或欢迎词之类的文本；在"编码"下拉列表中选择网页使用的编码类型，一般选择"简体中文（GB2312）"，如图 2-42 所示。

 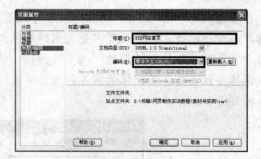

图 2-41　设置链接样式　　　　　　　　　　图 2-42　设置网页标题和编码

步骤 7▶　单击"确定"按钮，关闭"页面属性"对话框，前面所做的设置将应用于网页文档中。

综合实训——构建"macaco"网站

本节首先在本地磁盘上创建网站文件夹和子文件夹，然后在 Dreamweaver CS3 中定义站点，接着在"文件"面板中创建网页文档并设置其头信息和页面属性，具体操作如下。

步骤 1▶　首先在本地磁盘上创建一个文件夹，并将其命名为"macaco"，然后在其中创建名为"images"和"style"的文件夹，并将本书附赠的"素材与实例" > "macaco" > "images"文件夹中的文件拷贝到新建的"images"文件夹中，如图 2-43 所示。

步骤 2▶　启动 Dreamweaver CS3，参照 2.2 节实训 2 的操作在 Dreamweaver 中定义站点，将站点命名为"macaco"，如图 2-44 所示。

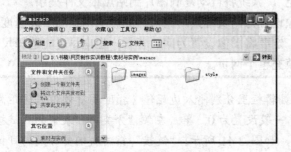 

图 2-43　创建站点文件夹　　　　　　　　　　图 2-44　定义站点

步骤 3▶　参照 2.2 节实训 3 的操作，在"文件"面板中新建网页文档，并重命名为"index.html"。双击在"文件"面板中创建的"index.html"文档，在文档编辑窗口中将其打开。

步骤 4▶　单击"常用"插入栏中的"文件头"按钮，在打开的下拉列表中选择"关键字"选项，然后在打开的"关键字"对话框中输入相关的关键字（你能想到的公司所拥有的所有产品类型），之后单击"确定"按钮，如图 2-45 所示。

步骤 5▶　再次单击"常用"插入栏中的"文件头"按钮，在打开的下拉列表中选择"说明"选项，然后按照插入关键字的方法，为网页插入说明性文本（可以是对公司的简单介绍），如图 2-46 所示。

图 2-45　插入关键字　　　　　　　　　图 2-46　插入说明文本

步骤 6▶　按【Ctrl+J】组合键，打开"页面属性"对话框。单击"背景图像"编辑框后的"浏览"按钮，打开"选择图像源文件"对话框，选择本书附赠的"素材与实例">"macaco">"images"文件夹中的"dh_15.png"，如图 2-47 所示。

图 2-47　设置背景图像

步骤 7▶　单击"确定"按钮，回到"页面属性"对话框。在"重复"下拉列表中选择"纵向重复"，设置背景图像的重复方式；在左边距、右边距、上边距和下边距编辑框里分别输入 0，如图 2-48 所示。

步骤 8▶　单击左侧"分类"列表中的"标题/编码"选项，设置"标题"为"买肯抠汽车中国网站"，编码为"简体中文 GB2312"，如图 2-49 所示。

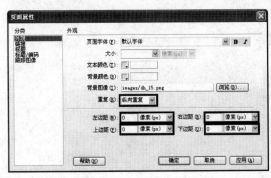
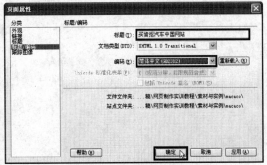

图 2-48　设置"外观"选项　　　　　　　图 2-49　设置"标题/编码"

步骤 9▶　单击"确定"按钮，关闭"页面属性"对话框。最后选择"文件">"另存为"菜单，保存文档为"index_a.html"。我们在后面还会用到该文档。

课后总结

本章不仅介绍了 Dreamweaver 的工作界面，还介绍了在 Dreamweaver 中创建和管理站点的方法，网页文档的基本操作，以及基本页面属性的设置。其中，创建站点前应首先规划和设置好站点的目录结构，而创建站点的主要任务包括：设置站点对应的文件夹，命名站点，以及设置站点的性质；网页文档的基本操作主要包括：网页的创建、保存、预览和命名要求；通过设置页面属性可设置网页文本的默认字体、大小、颜色，网页背景颜色，链接文本颜色，以及网页标题等。

思考与练习

一、填空题

1．为便于以后管理和维护网站，在开始创建网页之前，最好先确定站点的_____。

2．在开始网页制作之前，最好将网站中用到的所有文件都分类放置在_____，比如网页文件放在根目录下，_____文件放在 images 文件夹里，_____文件放在 swf 文件夹里，以便更顺利地完成站点的创建。

3．_____"文件"面板中的网页文档，可在文档编辑窗口中打开该文档。

4．为便于日后的维护和管理，网站中所有文件和文件夹的命名最好遵循一定的规则。首先，静态的首页文件一般命名为"_____"或"index.htm"。如果是包含程序代码的动态页面，比如 ASP 文件，则命名为"_____"。

二、问答题

1．根据本章所学知识，总结一下创建文档一共有几种方法，分别如何操作。

2．为什么要在 Dreamweaver 中创建站点，它主要包括哪些工作？

第3章 输入与编辑基本网页元素

【本章导读】

通过前面两章的学习，大家对网页已经有了一定的了解，对 Dreamweaver 也有了一个整体的认识。本章我们将学习网页内容的编辑方法，主要包括文本的输入与格式设置，以及在网页中插入图像的方法。

【本章内容提要】

☑ 输入与编辑文本
☑ 应用图像

3.1 输入与编辑文本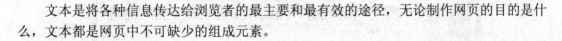

文本是将各种信息传达给浏览者的最主要和最有效的途径，无论制作网页的目的是什么，文本都是网页中不可缺少的组成元素。

实训 1 输入文本

【实训目的】

● 掌握在网页文档中输入文本的方法。

【操作步骤】

步骤 **1**▶ 在 Dreamweaver 中输入文本的方法非常简单，只要将插入点定位在网页的某个位置，然后输入文本就可以了。例如，在 Dreamweaver 中打开本书附赠的"\素材与实例\jqe"文件夹下的"invite_a.html"文档，然后分别将插入点放置在文档下方的表格单元

格中，并输入相应的文本，如图 3-1 所示。

步骤 2▶ 对于大量的外部文本，用户可利用剪贴板将其拷贝到网页文档中。例如，用记事本打开本书附赠的"\素材与实例\jqe"文件夹下的"招聘信息.txt"文档，按【Ctrl+A】组合键全选文本，然后按【Ctrl + C】组合键复制选中的文本，如图 3-2 所示。

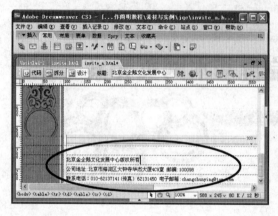

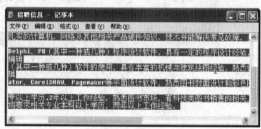

图 3-1　输入文本　　　　　　　　　　　图 3-2　选择并复制文本到剪贴板

对于输入的长文本，为便于浏览者阅读，需要对其进行换行或分段。其中，分段时可按【Enter】键，而换行时可按【Shift+Enter】组合键。

步骤 3▶ 切换至 Dreamweaver 操作界面，将插入点置于网页中要输入文本的位置，按【Ctrl + V】组合键即可将文本粘贴到网页中，如图 3-3 所示。

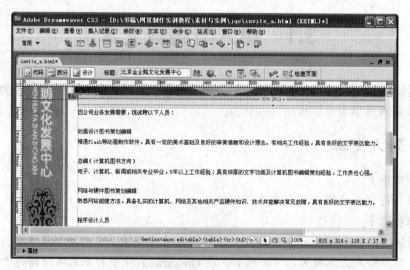

图 3-3　粘贴文本到 Dreamweaver 中

实训 2   设置文本的段落格式和字符格式

　　默认情况下，输入文本的字体、字号等，与该网页"页面属性"中设置的相同。用户也可利用"属性"面板为文本设置系统提供的格式化样式（段落、标题 1、标题 2 等），或者直接设置所选文本的字体、大小、颜色、粗体、斜体、对齐方式和列表方式等，如图 3-4 所示。

　　文本的格式设置有字符格式与段落格式之分。其中，要设置段落格式，只需将插入点定位在该段落即可进行设置；要设置字符格式，应首先利用拖动方法选中文本，然后再进行设置。

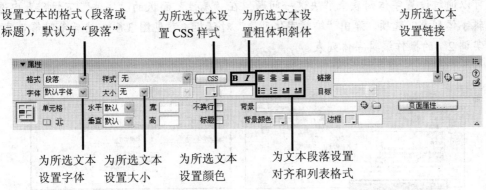

图 3-4   文本"属性"面板

【实训目的】

● 掌握在 Dreamweaver 中设置文本段落格式和字符格式的方法。

【操作步骤】

　　步骤 1▶   如果希望"实训 1"中输入的文本"北京金企鹅文化发展中心版权所有"居中对齐，可首先在该段中任意位置单击，然后单击"属性"面板中的"居中对齐"按钮 ，如图 3-5 左图所示。用户可使用同样的方法将该图中的其他两行文本居中对齐，如图 3-5 右图所示。

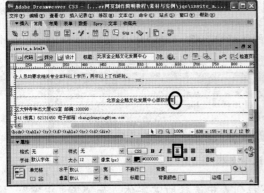
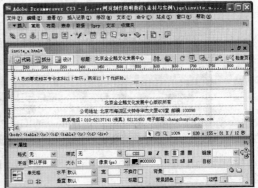

图 3-5   设置段落对齐

提 示

> 　　这里需要指出的是，当设定了某段文本的样式后，Dreamweaver 会在"属性"面板的"样式"列表中，自动创建 CSS 样式，一般为 STYLE1、STYLE2 、STYLE3……。
> 　　如果需要将该样式应用到别的文本，选中文本后，直接在"属性"面板的样式列表中选择即可。

步骤2▶ 　Dreamweaver 中自带的字体有限，一般满足不了大多数网页设计者的需求。我们可以通过设置字体列表来解决这一问题。在"属性"面板的"字体"下拉列表中选择"编辑字体列表"选项，弹出"编辑字体列表"对话框（参见图 3-6），然后参照第 2 章 2.3 节"实训 2"的操作编辑字体列表。

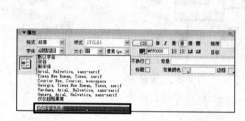

图 3-6　"编辑字体列表"对话框

步骤 3▶ 　设置好字体列表后，就可以随心所欲地设置文本的字体了。在文档中选中文本，如"动画设计图书策划编辑"，如图 3-7 所示。

图 3-7　选中文本

步骤4▶ 　在"属性"面板的"字体"下拉列表中选择所需字体，如"华文中宋"；接着单击*I*按钮使文本倾斜显示；然后在"大小"下拉列表中选择 16，效果如图 3-8 所示。

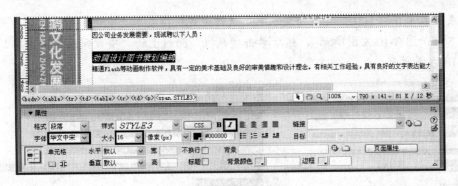

图 3-8　设置字体、倾斜和字号

在设置网页中文本的字体时，最好使用常见的字体；因为如果你设置的字体在浏览者的电脑中没有安装，那么它将以默认的字体显示，这将使网页的效果大打折扣。

步骤 5▶　我们还可以将设置字符格式时自动生成的样式应用于其他文本。例如，选中"总编（计算机图书方向）"，然后在"属性"面板的"样式"下拉列表中选择执行步骤4 的操作后自动生成的样式，即可将该样式应用于所选文本。

步骤 6▶　通过设置段落缩进格式，可以更好地布局文档。将插入点置于需要设置段落缩进的任意段落中，然后在"属性"面板的"格式"下拉列表中选择"段落"选项。单击"文本缩进"按钮 ≝ 可使段落缩进，如图 3-9 所示，单击"文本凸出"按钮 ≝ 可使段落凸出。注意这里的凸出和缩进是针对整个段落，如果要让段落凸出或缩进更明显，可多次单击相应按钮。

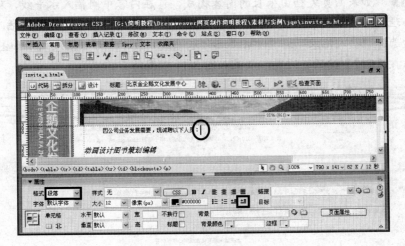

图 3-9　设置段落缩进

步骤 7▶　列表分为项目列表和编号列表，项目列表常应用在"列举"类型的文本中，

编号列表常应用在"条款"类型的文本中，这种方式使得文本更直观、明了。选中所要设置的文本（如图 3-10 左图所示），然后单击"属性"面板上的"项目列表"按钮 ▤ ，效果如图 3-10 右图所示。

图 3-10　设置列表项

提示

此处需要注意的是，在对文本应用列表项之前，必须把文本中的各项用【Enter】键区分为不同的段落。

实训 3　插入水平线和特殊字符

【实训目的】

● 掌握在 Dreamweaver 中插入水平线和特殊字符的方法。

【操作步骤】

步骤 1▶ 如果网页文档由很长的内容构成，可在内容中间插入水平线，从而使网页内容更容易理解，阅读起来也更轻松。要插入水平线，先将插入点定位在要插入水平线的位置，然后选择"插入记录" > "HTML" > "水平线"菜单即可，插入效果如图 3-11 上图所示。此时按【F12】键预览网页，效果如图 3-11 下图所示。

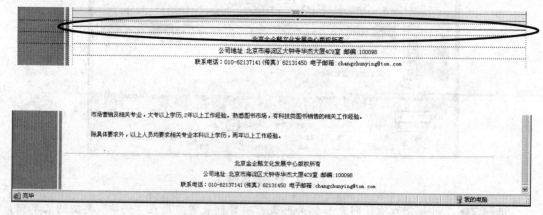

图 3-11　预览水平线

也可以将"常用"插入栏切换至"HTML"插入栏，然后直接单击其中的"水平线"按钮。

步骤 2▶　当我们在设计视图中选中水平线后，会看到如图 3-12 所示的水平线"属性"面板。

图 3-12　水平线"属性"面板

下面列出了水平线"属性"面板中各常用项的意义。

- 水平线：设置水平线的名称，主要用于脚本程序（如 JavaScript 或 VBscript）。
- 宽：设置水平线的宽度，以像素或百分比为单位。缺省为空，表示采用默认值（100%）。
- 高：设置水平线的粗细，以像素为单位。缺省为空，表示采用默认值（2 像素）。
- 对齐：设置水平线的对齐方式。
- 阴影：是否为水平线添加阴影。
- 类：为水平线设置类样式（3 种样式类型之一，将在第 6 章做详细介绍）。

步骤 3▶　如果要改变水平线的颜色，可以首先选中水平线，然后切换至代码界面，在水平线标签中输入"color='颜色代码'"，如图 3-13 所示。但是，我们无法直接在编辑画面看到水平线的颜色设置效果，而只能在浏览器里预览效果。

图 3-13　改变水平线颜色

步骤 4▶　在设计网页时经常会用到一些无法用输入法来直接输入的特殊字符，如版权符号、注册商标符号，以及常见的货币符号等。要插入特殊字符，可以选择"插入记录"＞"HTML"＞"特殊字符"菜单，然后在弹出的菜单中选择相应的特殊字符，如图 3-14 左图所示。例如，在"北京金企鹅文化发展中心版权所有"文本后插入一个版权符号。

步骤 5▶　如果在"特殊字符"菜单下没有找到需要的特殊字符，可以通过选择该菜单中最下面的"其他字符"命令打开"插入其他字符"对话框，这样就能获取更多的字符了，如图 3-14 右图所示。在该对话框中选中要插入的字符后，单击"确定"按钮即可插入。

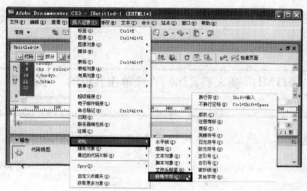

图 3-14　插入特殊字符

综合实训——设置"关于买肯抠"网页文本

下面通过设置"关于买肯抠"网页文本，来练习和巩固前面学过的知识。

步骤 1▶　在 Dreamweaver 中打开本书附赠的"\素材与实例\macaco"文件夹下的"com_a.html"文档，同时双击打开"text.txt"文档。参照实训 1 的操作将"text.txt"中的内容复制并粘贴到网页文档右侧 Flash 动画下方的空白单元格中，如图 3-15 所示。

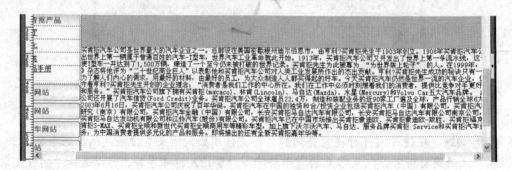

图 3-15　复制文本到网页文档中

步骤 2▶　首先给文本分段，将插入点置于要分为第 2 段的文本"1908 年"前方，按下【Enter】键，则其后的所有文本都成为第 2 段，如图 3-16 所示。

步骤 3▶　按照同样的方法，把其他段落分开来，如图 3-17 所示。

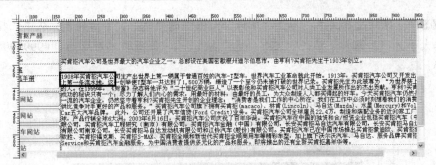

图 3-16　为文本分段

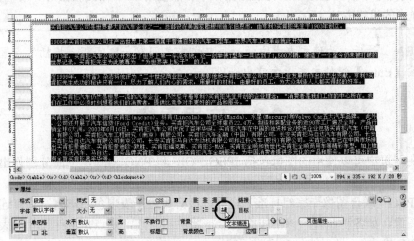

图 3-17　划分其他段落

步骤 4▶　单击并向右下方拖动鼠标，选中所有文本，然后单击"属性"面板上的"文本缩进"按钮 ，使得所有的文本向内缩进两个字符，如图 3-18 所示。

图 3-18　设置文本缩进

> 除自己设置样式外，Dreamweaver 还内置了一些段落样式，可以直接应用在段落文本中。要应用这些样式，可首先在段落中单击，然后在"属性"面板上"格式"下拉列表中选择相应样式。

步骤 5▶ 保持选择文本，单击"属性"面板上的"大小"下拉列表，从中选择"12"，设置文本大小为 12 像素；单击"文本颜色"按钮，设置文本颜色为"#999999"，如图 3-19 所示。

图 3-19 设置文本大小和颜色

　　直接设置文本属性最大的缺点就是无法设置文本行间距，而且更新也比较麻烦，所以在大型网站中，很少直接设置文本属性，一般都使用 CSS 样式。在第 6 章中将详细介绍 CSS 样式的设置方法。

步骤 6▶ 最后，为使文本上方的动画与文本之间有一定间距，将插入点置于文本起始位置，按【Enter】键使文本上方空出一段。

3.2　应用图像

目前在网页中可以使用的图像包括 JPEG、GIF 和 PNG 格式，下面分别列出了它们各自的特点。

- JPEG（联合图像专家组标准）格式：该格式适于表现色彩丰富，具有连续色调的图像，如各种照片。该格式的优点是图像质量高，缺点是文件尺寸稍大（相对于 GIF 格式），且不能包含透明区。
- GIF（图形交换格式）格式：由于它最多只能包含 256 种颜色，因而适合表现色调不连续或具有大面积单一颜色的图像，如卡通画、按钮、图标、徽标等。该格式的优点是图像尺寸小，可包含透明区，且可制成包含多幅画面的简单动画，缺点是图像质量稍差。
- PNG（便携网络图像）格式：该格式集 JPEG 和 GIF 格式的优点于一身，既能处理照片式的精美图像，又能包含透明区域，且可以包含图层等信息，是 Fireworks 的默认图像格式。

实训 1　插入与编辑图像

【实训目的】

● 掌握在 Dreamweaver 中插入与编辑图像的方法。

【操作步骤】

步骤 1▶ 在 Dreamweaver 中插入图像的方法非常简单。首先在要插入图像的位置单击确定插入点，然后单击"常用"插入栏中的"图像"按钮■，打开"选择图像源文件"对话框，如图 3-20 所示。

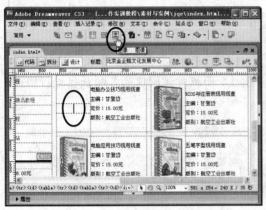

图 3-20　打开"选择图像源文件"对话框

步骤 2▶ 在"查找范围"下拉列表中选择图像文件所在的文件夹，在文件列表中选择要插入的图像文件，然后单击"确定"按钮插入图像，如图 3-21 所示。

图 3-21　插入图像

默认情况下，每次插入图像时都会显示"图像标签辅助功能属性"对话框，如图 3-22 所示。如果不想显示该对话框，可单击对话框下方的蓝色带下划线文本，在打开的"首选参数"对话框左侧的"分类"列表中选择"辅助功能"，然后取消选择右侧的"图像"复选框，如图 3-23 所示。

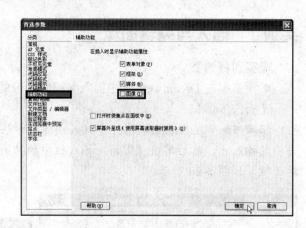

图 3-22 "图像标签辅助功能属性"对话框　　　　图 3-23 "首选参数"对话框

步骤 3▶ 选中插入的图像后，还可利用"属性"面板对该图像的各项属性进行修改，如图 3-24 所示。

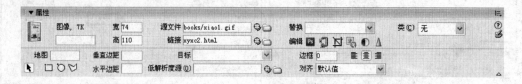

图 3-24 图像"属性"面板

下面列出图像"属性"面板中各常用项的意义。

- 图像名称：设置图像名称，主要用于通过脚本来控制图像。
- 宽和高：图像的宽度和高度（单位为像素），当改变了图像的尺寸后，该数值将加粗显示。
- 源文件：显示图像文件的路径。
- 链接：用于创建从图像到其他文件的链接。
- 替代：在浏览器无法读入图像文件时，在图像位置显示的说明性文字。
- 垂直边距和水平边距：指定图像上、下、左、右空白的像素值。
- 目标：设置在何处打开链接文档，_blank 表示新窗口，_self 表示当前窗口，_parent 表示当前窗口的父窗口，_top 表示当前窗口的顶级窗口。
- 边框：设置图像边框的粗细，以像素为单位。
- 对齐：确定图像在单元格或页面中的对齐方式。

实训 2　使用图像占位符

【实训目的】
- 掌握图像占位符的用法。

【操作步骤】

步骤 1▶ 如果网页中的某个图像尚未制作好，可暂时用图像占位符来代替。图像占位符的用法非常简单。定位插入点后，选择"插入记录" > "图像对象" > "图像占位符"菜单，打开"图像占位符"对话框，然后设置其名称、尺寸、颜色和替换文本，如图3-25所示。

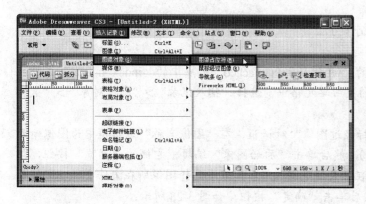
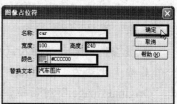

图3-25 "图像占位符"对话框

步骤2▶ 单击"确定"按钮，在指定位置插入一个图像的临时替代对象，如图3-26所示。

步骤3▶ 使用图像占位符后，要用制作好的图像替换它，可首先单击选择图像占位符，然后在"属性"面板的"源文件"编辑框中输入带路径的文件名，或者单击该编辑框后面的"浏览文件"按钮 ，在打开的"选择图像文件"对话框中选择要替换的图像，单击"确定"按钮，Dreamweaver会自动将图像占位符替换为所选择的图像，如图3-27所示。

提 示

> 也可以通过单击"常用"插入栏中"图像"按钮 后的小箭头，在其同位工具组中选择"图像占位符" ，来打开"图像占位符"对话框。
>
> 如果所设图像占位符和图像大小不一致，插入图像后会拉伸变形，需要进一步调整。

图3-26 插入图像占位符   图3-27 替换图像

实训3 制作鼠标经过图像

在网页中经常可以看到这种情况，当鼠标移动到某一图像上时，图像变成了另一幅图像，而当鼠标移开时，又恢复成原来的图像，这就是我们通常所说的鼠标经过图像。要制作鼠标经过图像，需要用到两张大小相同，而内容不同的图像。其中一张作为原始图像，在页面打开的时候就显示；另一张则作为鼠标经过图像，在鼠标经过的时候替换原始图像显示出来。

【实训目的】

● 掌握鼠标经过图像的制作方法。

【操作步骤】

步骤 1▶ 打开本书附赠的 "\素材与实例\macaco" 站点中的 "index_h.html" 文档。将插入点置于 flash 动画下方的空白单元格中，选择"插入记录" > "图像对象" > "鼠标经过图像"菜单。

步骤 2▶ 弹出"插入鼠标经过图像"对话框，在"图像名称"编辑框中为图像输入一个名称（此处为 "product1"），然后单击"原始图像"编辑框右侧的"浏览"按钮，弹出 "Original image:" 对话框，在"查找范围"下拉列表中选择图像所在文件夹，在文件列表中选择原始图像（1.jpg），然后单击"确定"按钮，如图 3-28 所示。

图 3-28　设置图像名称和原始图像

步骤 3▶ 按照同样的方法设置"鼠标经过图像"为 "11.jpg"，在"替换文本"编辑框中输入替换文本，在"按下时，前往的 URL"编辑框中输入单击图像时将打开的网页名称（或单击编辑框右侧的"浏览"按钮选择网页），最后单击"确定"按钮，插入鼠标经过图像，如图 3-29 所示。

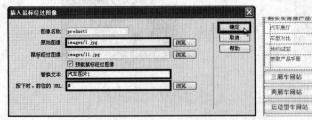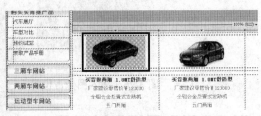

图 3-29　插入鼠标经过图像

默认情况下，"预载鼠标经过图像"复选框被选中，表示浏览器在下载网页时自动在后台载入鼠标经过图像，从而加快鼠标经过图像的显示速度。

"替换文本"表示在图片不能正常显示时出现在图片位置的说明性文字。

"按下时，前往的 URL"编辑框中输入的"#"号是空链接，表示经过图像没有链接目标，也可以为空。

步骤4▶ 按【Ctrl+S】组合键保存文档，然后按【F12】键预览网页，将光标放在鼠标经过图像上方时，可以看到图片上的汽车由红色变为蓝色，如图 3-30 所示。

图 3-30 预览文档

实训 4 制作导航条

导航条在网站中起着不可替代的作用，它把网站中的各个页面连接起来。每一个网站都有自己的导航条。利用与制作鼠标经过图像类似的方法，可制作具有可变效果的导航条。

【实训目的】

● 掌握制作动态导航条的方法。

步骤 1▶ 打开本书附赠的"\素材与实例\macaco"站点中的"index_c.html"文档。将插入点置于网站标志所在行的第 3 个单元格中。选择"插入记录">"图像对象">"导航条"菜单，打开"插入导航条"对话框。

步骤2▶ 在"项目名称"编辑框中输入项目名（此处为"dh1"），单击"状态图像"编辑框后的"浏览"按钮（浏览...）。在打开的"选择图像源文件"对话框中选择要作为状态图像的文件（此处为"dh_05.png"），然后单击"确定"按钮，如图 3-31 所示。

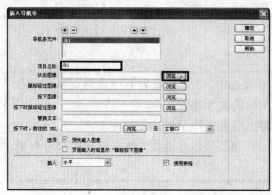

图 3-31　设置状态图像

步骤 3▶　按照同样的方法，设置"鼠标经过图像"为"dhh_05.png"。如有必要，可设置其他选项，如图 3-32 所示。

步骤 4▶　单击编辑框左上方的"添加项"按钮，添加新项。参照前面的方法设置项目名称、状态图像和鼠标经过图像，如图 3-33 所示。

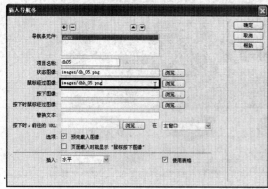

图 3-32　设置鼠标经过图像　　　　　图 3-33　添加并设置新项

"插入导航条"对话框中各主要选项的意义如下。

- 状态图像：表示网页中初始显示的图像。
- 鼠标经过图像：鼠标滑过时显示的图像。
- 按下图像：按下按钮时显示的图像，一般不设置。
- 按下时鼠标经过图像：按钮处于按下状态时的鼠标经过图像，一般不设置。
- 替换文本：导航图片不能正常显示时，在图片位置显示的文字。
- 插入："插入"下拉列表中有两个选项，其中"水平"表示插入水平的导航条，"垂直"表示插入垂直的导航条。

步骤 5▶　重复执行上面的操作，添加并设置新项，最后单击"确定"按钮插入导航条，如图 3-34 所示。

若要删除某导航项目，可先在"导航条元件"列表框中选中该项，再单击"删除项"按钮□。

若要调整导航项目的顺序，可先选中该项目，然后单击▲或▼按钮上移或下移。

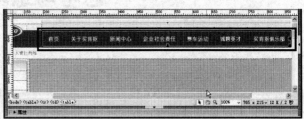

图 3-34　插入导航条

步骤6▶　按【Ctrl+S】组合键保存文档，然后按【F12】键预览网页，将光标置于导航条上时，其上的文本由白色变为浅黄色，如图 3-35 所示。

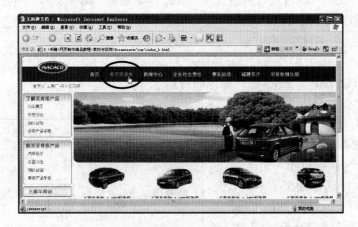

图 3-35　预览网页

要修改、增加导航条项目，可在选中导航条后，选择"修改">"导航条"菜单，此时系统将打开内容与"插入导航条"对话框完全相同的"修改导航条"对话框。

可以单击并拖动导航条以改变其在网页中的位置；可以复制导航条到别的网页；也可以对导航条附加行为。另外，一个网页中只允许有一个导航条。

课后总结

　　本章主要介绍了在网页中输入文本和插入图像，以及设置和编辑它们属性的方法。希望大家能够了解并掌握使用这些基本网页元素的方法和技巧。只有能够灵活运用这些元素，才算真正步入了网页设计的大门。

思考与练习

一、填空题

　　1．为便于浏览者阅读，就需要在 Dreamweaver 中进行换行和分段。其中，分段时可按_____键，而换行时可按_____组合键。

　　2．文本的格式设置有_____格式与_____格式之分。其中，要设置段落格式，只需将插入点定位在该段落即可进行设置；要设置字符格式，应首先利用拖动方法选中文字，然后再进行设置。

　　3．目前在网页中可以使用的图像包括 JPEG、_____和_____格式。

　　4．在网页中经常可以看到这种情况，当鼠标移动到某一图像上时，图像变成了另一幅图像，而当鼠标移开时，又恢复成原来的图像，这就是我们通常所说的_____。

二、问答题

　　请简述 JPEG、GIF 和 PNG 格式图像的特点。

三、操作题

　　打开本书附赠的"\素材与实例\pai"站点中的"paipai.html"文档，将其制作成图 3-36 所示效果。

　　提示：

　　（1）首先用图片"logo.gif"和"top.jpeg"替换网页上方的两个图像占位符。

　　（2）根据单元格下方的文字，在不同的单元格中插入相应产品的图片。

　　（3）设置单元格中图片和文本为居中对齐。

图 3-36　"拍拍"网站主页

第4章　构建网页布局

【本章导读】

　　网页布局在网页制作中起着至关重要的作用，只有学会构建网页布局，才能让网页中的元素"各就各位"，也才能制作出高水平的网页。网页布局主要使用表格和框架，最常用的是表格。设计网页时，将不同的网页元素放在不同表格和单元格中，能让网页变得井然有序。

【本章内容提要】

☞　**使用表格**
☞　**使用框架**

4.1　使用表格

　　学过 Word 的人应该很容易理解，所谓表格（Table）就是由一个或多个单元格构成的集合，表格中横向的多个单元格称为行（以\<tr>标签开始到\</tr>标签结束），垂直的多个单元格称为列（以\<td>标签开始到\</td>标签结束），如图 4-1 所示。行与列的交叉区域称为单元格，网页中的元素通常都被放置在这些单元格中，以使其"各就各位"。

此处表示未明确设置单元格的宽度

此处显示了表格的宽度。如果只显示一个"▼"符号，表示未明确设置表格宽度

图 4-1　表格

实训 1　表格的创建和选择

【实训目的】

● 　掌握在网页文档中创建表格的方法。

● 　掌握选择表格和单元格的方法。

【操作步骤】

步骤1▶　在 Dreamweaver 中创建表格的方法非常简单。确定插入点后，单击"常用"插入栏中的"表格"按钮，打开"表格"对话框，设置各项参数后，单击"确定"按钮，即可插入表格，如图 4-2 所示。

图 4-2　插入表格

下面简单介绍一下"表格"对话框中几个重要选项的意义：

● 　如果不设置表格宽度，表示表格的宽度随内容而定。在 HTML 语言中，最常使用的单位是像素和百分比。像素是相对于显示器的，使用 0 或大于 0 的整数来表示；百分比是相对于浏览器的，使用 0 或百分比来表示。二者的区别在于：当浏览器窗口的宽度发生变化时，使用了百分比作为单位的表格的宽度将随着浏览器窗口发生同比例的变化，而使用像素作为单位的表格将保持不变。

● 　边框粗细（Border）是指整个表格边框的粗细，标准单位是像素。整个表格外部的边框叫做外边框，表格内部单元格周围的边框叫内边框。

● 　单元格边距（Cellpadding）也叫单元格填充，是指单元格内部的文本或图像与单元格边框之间的距离，标准单位是像素。

● 　单元格间距（Cellspacing）是指相邻的单元格之间的距离，标准单位是像素。

步骤2▶　在 Dreamweaver 中选择表格的方法非常简单，只需用鼠标单击表格边框线即可。当表格外框显示为黑色粗实线时，就表示该表格被选中了，如图 4-3 左图所示。

知识库

> 　另外，还可以通过标签选择器来选择表格。具体做法是：在表格内部任意处单击，然后在标签选择器中单击对应的"<table>"标签，该表格便处于选中状态，如图 4-3 右图所示。

步骤 **3**▶　要选择某个单元格，可首先将插入点置于该单元格内，然后按【Ctrl + A】组合键或单击"标签选择器"中对应的"<td>"标签；要选择某行或某列，可将光标置于该行左侧或该列顶部，当光标形状变为黑色箭头➡或⬇时单击鼠标，如图 4-4 所示。

图 4-3　选择表格

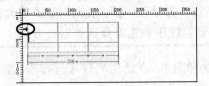
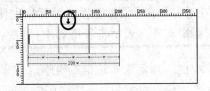

图 4-4　选择行或列

步骤 **4**▶　要选择单元格区域。应首先在要选择的单元格区域的左上角单元格中单击，然后按住鼠标左键向右下角单元格方向拖动鼠标，最后松开鼠标左键，如图 4-5 所示。

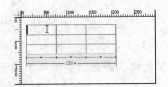
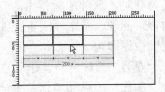
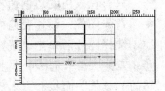

图 4-5　选择单元格区域

　　另外，单击选择某个单元格后，按住【Shift】键单击其他单元格，也可选择单元格区域。

步骤 **5**▶　如果希望选择一组不相邻的单元格，可按住【Ctrl】键单击选择各单元格。

实训 2　设置表格和单元格属性

【实训目的】

● 掌握设置表格和单元格属性的方法。

【操作步骤】

步骤 1▶ 选中表格后，在"属性"面板中可以修改表格的行、列、宽，以及填充、间距等，如图 4-6 所示。

图 4-6 表格"属性"面板

表格"属性"面板中各主要选项的意义及设置方法如下。

● 对齐：设置表格相对于浏览器或其所在单元格（相对于嵌套表格而言）的位置。

　　"左对齐"表示沿浏览器或单元格左侧对齐；"右对齐"表示沿浏览器或单元格右侧对齐；"居中对齐"表示将表格居中；"缺省"表示使用浏览器默认的对齐方式。

● 边框：指定表格边框的宽度（以像素为单位）。在使用表格进行布局时，一般将"边框"设置为 0。这样在浏览网页时才不会显示表格边框。
● 背景颜色：设置表格的背景颜色，具体方法为单击"背景颜色"按钮，在弹出的调色板中选择想要填充的颜色。
● 边框颜色：设置表格边框的颜色，与背景颜色的设置方法相同。需要说明的是，只有在表格的边框值不为 0 时，该项才起作用。
● 背景图像：设置表格的背景图像，单击"浏览文件"按钮，在弹出的对话框中选择图片后单击"确定"按钮即可。

步骤 2▶ 在单元格中单击，"属性"面板中将显示相应单元格的属性，如图 4-7 所示。单元格的"属性"面板和文本的"属性"面板相同，其中的"水平"和"垂直"表示单元格中的内容在其中的水平和垂直对齐方式，"背景颜色"和"边框"表示该单元格的背景颜色和边框颜色。

图 4-7 单元格"属性"面板

步骤 3▶ 制作网页时，很多情况下都需要改变表格和单元格的宽度与高度。首先选中要修改属性的表格，在"属性"面板的"宽"编辑框中输入数值（此处为 360），然后按【Enter】键，表格的宽变为设置值，如图 4-8 所示。

步骤 4▶ 在要修改高度或宽度的单元格中单击，然后在"属性"面板上"宽"和"高"编辑框中输入数值（此处为 20 和 60），并按【Enter】键确认，可设置单元格的宽和高，如

图 4-9 所示。

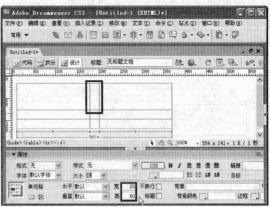

图 4-8 设置表格宽度   图 4-9   设置单元格的宽和高

步骤 5▶ 在不需要精确指定表格或单元格尺寸时，可以通过拖动边框来改变表格或
单元格的"宽"与"高"，如图 4-10 所示。

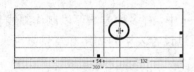

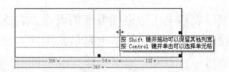

图 4-10   通过拖动边框改变表格或单元格尺寸

步骤 6▶ 为表格设置背景颜色的方法相当简单。首先选中要设置背景颜色的表格，
然后单击"属性"面板上"背景颜色"后的 按钮，在弹出的调色板中单击要设置的颜色
"#FFCC33"（橙黄色），如图 4-11 所示。

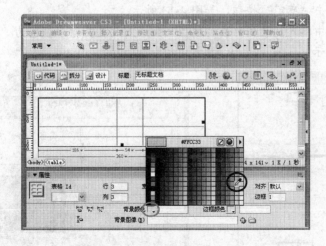

图 4-11   设置表格背景颜色

步骤 7▶ 如果要为表格或单元格设置背景图像，可选中表格或将插入点置于要设置背景图像的单元格中，单击"属性"面板上"背景图像"或"背景"编辑框后的文件夹图标，打开"选择图像源文件"对话框，从中选择要设置为背景图像的图片，然后单击"确定"按钮，即可为表格或单元格设置背景图像，如图 4-12 所示。

图 4-12　为单元格设置背景图像

实训 3　制作细线表格

细线表格是指边框线很细的表格。在 Dreamweaver 中，有多种方法可以制作细线表格，下面我们讲解一种最简单也是最常用的方法，就是通过设置表格的间距和背景颜色来制作细线表格。

【实训目的】

● 掌握制作细线表格的方法。

【操作步骤】

步骤 1▶ 启动 Dreamweaver，并新建文档。单击"常用"插入栏中的"表格"按钮，打开"表格"对话框，设置行数为 4，列数为 4，表格宽度为 200 像素，单元格间距为 1，其他为 0，最后单击"确定"按钮，如图 4-13 所示。

步骤 2▶ 选中插入的表格，在"属性"面板上设置其背景颜色为"#FFCC00"（橘黄色），如图 4-14 所示。

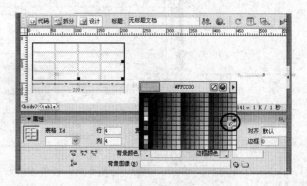

图 4-13　插入表格　　　　　　　　　　图 4-14　设置表格背景颜色

步骤 3▶ 在第 1 个单元格内单击，并向右下方拖动鼠标，选中所有单元格，然后在"属性"面板上设置单元格背景颜色为白色，如图 4-15 所示。

步骤 4▶ 保存文档后按【F12】键预览，可看到细线表格预览效果，如图 4-16 所示。

如果要制作仅外边框为细线的表格，可以创建一个 1 行 1 列的表格，并执行上面的操作。

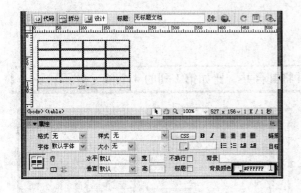

图 4-15 设置单元格背景颜色

图 4-16 预览效果

实训 4 拆分与合并单元格

在网页制作中，经常会用到一些特殊结构的表格，此时就需要拆分或合并单元格。拆分单元格就是将一个单元格拆分成多个单元格。

【实训目的】
● 掌握拆分与合并单元格的方法。

【操作步骤】

步骤 1▶ 在要拆分的单元格中单击，然后单击"属性"面板上的"拆分单元格为行或列"按钮，打开"拆分单元格"对话框，在"把单元格拆分"区选择"列"单选钮，在"列数"编辑框中输入"3"，然后单击"确定"按钮，如图 4-17 所示。

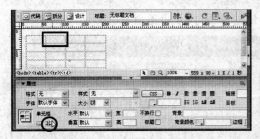
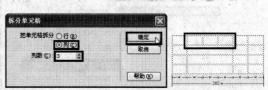

图 4-17 拆分单元格

步骤 2▶ 所谓合并单元格，就是将相邻的几个单元格合并成一个单元格。拖动鼠标选中要合并的连续单元格（此处为第 1 行的 3 个单元格），然后单击"属性"面板上的"合并所选单元格，使用跨度"按钮 □，则选中的 3 个单元格自动合并为一个单元格，如图 4-18 所示。

 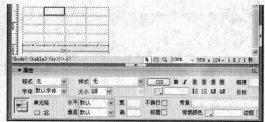

图 4-18　合并单元格

实训 5　插入、删除行和列

【实训目的】

● 掌握插入、删除行和列的方法。

【操作步骤】

步骤 1▶ 在使用表格布局网页时，往往需要在创建好的表格中添加或删除行和列。当需要在某单元格的上方或下方添加行时，在该单元格中单击鼠标右键，在弹出的快捷菜单中选择"表格" > "插入行或列"菜单，如图 4-19 左图所示。

步骤 2▶ 打开"插入行或列"对话框，在"插入"区选择"行"单选钮，设置行数为"1"，位置为"所选之下"，单击"确定"按钮，如图 4-19 右图所示。

 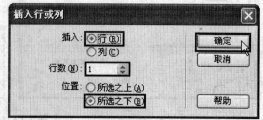

图 4-19　插入行

> 如果要在某单元格的左侧或右侧添加列,只需在"插入行或列"对话框中的"插入"区选择"列",下方会自动变成"列数","位置"也会自动变为针对列的选项。

步骤 3▶ 如要删除某行,只需在该行单击鼠标右键,然后在弹出的快捷菜单中选择"表格">"删除行"即可,如图 4-20 所示。

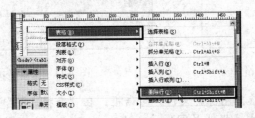

图 4-20 删除选定行

步骤 4▶ 如果要在选中的单元格上方插入行,或左侧插入列,可直接在弹出的快捷菜单中选择"表格">"插入行"菜单项,或"表格">"插入列"菜单项。

实训 6 制作圆角表格

适当地使用圆角表格,可以使整个网页看起来更加柔和、美观。下面通过制作图 4-21 中左侧的圆角表格,来学习圆角表格的制作方法。

图 4-21 圆角表格

【实训目的】
● 掌握圆角表格的制作方法。

【操作步骤】

步骤 1▶ 启动 Dreamweaver CS3,打开本书附赠的"\素材与实例\Round table"文件夹中的"table_a.html"文档。将插入点置于文档编辑窗口中,单击"常用"插入栏中的"表格"按钮,插入一个 3 行 1 列,"表格宽度"为 194 像素的表格,称其为主表格,如图 4-22 所示。

步骤 2▶ 将插入点置于第 1 个单元格中,设置其高为 35 像素,单击"属性"面板上

"背景"编辑框后的"单元格背景 URL"按钮，如图 4-23 所示。

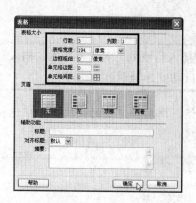

图 4-22　插入表格

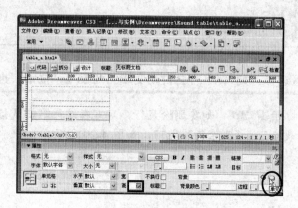

图 4-23　设置单元格高

步骤 3▶　弹出"选择图像源文件"对话框，在"查找范围"下拉列表中选择图像所在文件夹，在文件列表中选择背景图像（此处为"sub_t.gif"），最后单击"确定"按钮，将选中的图像设置为单元格背景，如图 4-24 所示。

步骤 4▶　在第 1 个单元格中嵌套一个 1 行 2 列，宽为 180 像素的表格，接下来在嵌套表格的第 2 个单元格中输入文本"女性热点"，并设置其高为 27 像素，如图 4-25 所示。

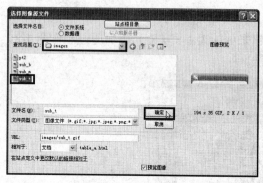

图 4-24　设置单元格背景

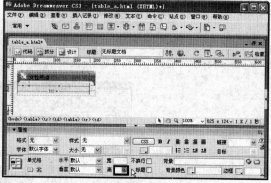

图 4-25　插入表格并输入文本

知识库

┌───┐
　　所谓嵌套表格，就是在一个大表格的某个单元格里插入一个新的表格，我们看到的绝大多数网页都是由多个表格相互嵌套进行网页布局的。
└───┘

步骤 5▶　拖动鼠标选中文本，在"属性"面板"大小"下拉列表中选择"14"。单击"文本颜色"设置按钮，设置文本颜色为白色，然后单击 **B** 按钮，设置文本为粗体，如图 4-26 所示。

步骤 6▶　将插入点置于主表格的第 2 个单元格中，参照前面介绍的方法，设置其背

景图像为 "sub_m.gif"，如图 4-27 所示。

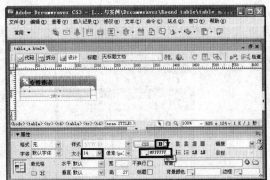

图 4-26 设置文本大小、颜色和粗体

图 4-27 设置单元格背景图像

步骤7▶ 将插入点置于主表格的第 3 个单元格中，在其中插入图片 "sub_b.gif"，则圆角表格的形状就出来了，如图 4-28 所示。

步骤8▶ 在主表格的第 2 个单元格中嵌套一个 1 行 1 列，宽为 180 像素的表格，并设置该表格为 "左对齐"，如图 4-29 所示。

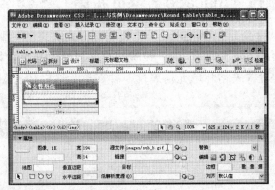

图 4-28 在单元格中插入图片

步骤9▶ 将本书附赠的 "\素材与实例\ Round table" 文件夹中的文本文档 "text.txt" 中的内容拷贝到嵌套表格中，如图 4-30 所示。

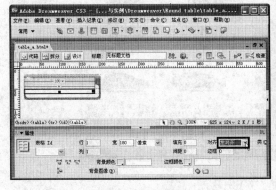

图 4-29 嵌套表格并设置左对齐

图 4-30 拷贝内容

步骤 10▶ 拖动鼠标选中所有文本，单击"属性"面板上的"项目列表"按钮 ，然后在"样式"下拉列表中选择已定义好的列表样式"list"，如图 4-31 所示。

步骤 11▶ 在表格外任意处单击，得到圆角表格的最终效果，如图 4-32 所示。

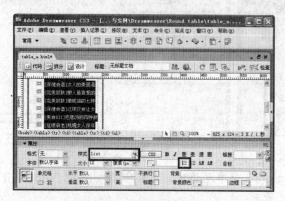 

图 4-31　设置项目列表　　　　　　　　图 4-32　圆角表格最终效果

综合实训 1——制作"macaco"主页布局

本节通过制作图 4-33 所示的"macaco"主页布局，来练习和巩固表格、图像及文本的应用。该例是在第 2 章"综合实训 1"中已设置好页面属性的网页文档的基础上进行操作，主要操作是插入表格，设置表格和单元格属性，并在单元格中插入图像或输入文本。

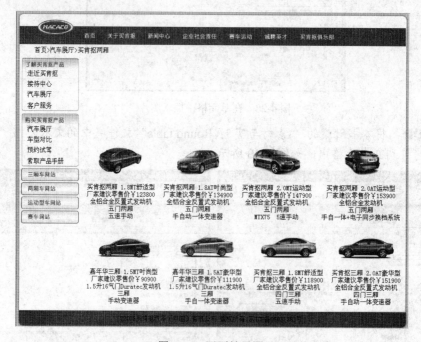

图 4-33　网页效果图

步骤 1▶ 在 Dreamweaver 中打开第 2 章"综合实训 1"中已设置好页面属性的网页

文档"index_a.html"。在文档窗口中单击，插入一个 1 行 1 列，宽 1000 像素，填充、间距和边框均为 0 的表格，并在其中插入图片"dh_01.png"，我们称该表格为表格 1，如图 4-34 所示。

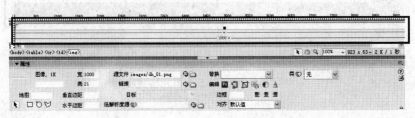

图 4-34　插入表格并在其中插入图片

步骤 2▶　在表格 1 下方单击，插入一个 1 行 5 列，宽 1000 像素，填充、间距和边框均为 0 的表格，我们称该表格为表格 2。

步骤 3▶　在表格 2 的第 1 个单元格中插入图片"dh_02.png"，并拖动其右侧的单元格分界线，使得第一个单元格与其中的图片等宽；拖动鼠标选中中间的三个单元格，单击"属性"面板上"背景"编辑框后的文件夹图标，设置背景图像为"2_03.png"，如图 4-35 所示。

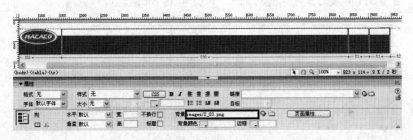

图 4-35　插入表格并设置内容

步骤 4▶　参照第 3 章中 3.2 节"实训 4"的操作，在表格 2 的第 3 个单元格中插入导航条，之后在单元格中单击，并在"属性"面板上"垂直"下拉列表中选择"底部"，如图 4-36 所示。

图 4-36　插入导航条

步骤 5▶　向右拖动第 5 个单元格左侧的分界线，使其与网页背景图像右侧的白边对齐，如图 4-37 所示。

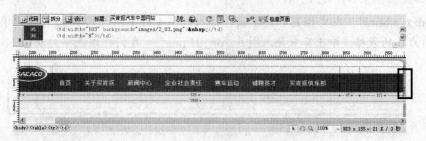

图 4-37　设置第 5 个单元格宽度

　　默认状态下，单元格的最小宽度为"10"，如果想使其更小，可打开代码视图，将单元格标签中的空格符号" "删除，这样单元格的宽度就可以设置为任意数值了。

　　步骤 6▶　在表格 2 下方插入一个 1 行 2 列，宽 1000 像素，填充、间距和边框均为 0 的表格，我们称该表格为表格 3。设置第 1 个单元格宽为 40，高为 30；在第 2 个单元格中输入文本"首页>汽车展厅>买肯抠两厢"，如图 4-38 所示。

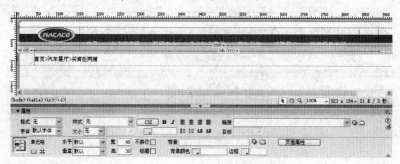

图 4-38　插入表格并设置其属性和内容

　　步骤 7▶　在表格 3 下方插入一个 1 行 5 列，宽 1000 像素，填充、间距和边框均为 0 的表格，我们称其为表格 4。分别设置第 1、第 2、第 3 和第 5 个单元格宽为 12 像素、150 像素、8 像素和 7 像素，如图 4-39 所示。

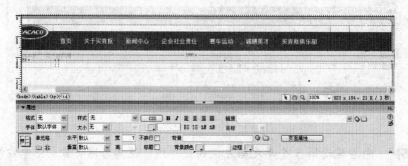

图 4-39　插入表格 4

步骤 8▶　在表格 4 的第 2 个单元格中单击，在"属性"面板上"垂直"下拉列表中选择"顶端"，然后在该单元格中插入一个 5 行 2 列，宽 150 像素，填充、间距和边框均为 0 的表格。

步骤 9▶　将上一步插入的表格的第 1 行两个单元格合并为 1 个单元格，并设置其高为 30 像素；设置第 2 行第 1 个单元格宽为 15 像素，高为 26 像素，然后在第 2 个单元格中输入文本"走近买肯拟"；设置第 3、4、5 行高分别为 26、26 和 30，并在右边的单元格中分别输入文本；最后选中整个表格，设置其背景图像为"left.png"，效果如图 4-40 所示。

图 4-40　嵌套表格并设置内容

步骤 10▶　按照同样的方法，在上述表格的下方再插入一个同样结构的表格，并设置其内容和属性。然后再插入一个 4 行 1 列的表格，并分别在每个单元格中插入图片，效果如图 4-41 所示。

步骤 11▶　在表格 4 的第 4 个单元格中单击，在"属性"面板上"垂直"下拉列表中选择"顶端"，之后在其中插入一个 1 行 1 列，宽为 100%，填充、间距和边框均为 0 的表格，设置表格单元格高为"210 像素"，如图 4-42 所示。

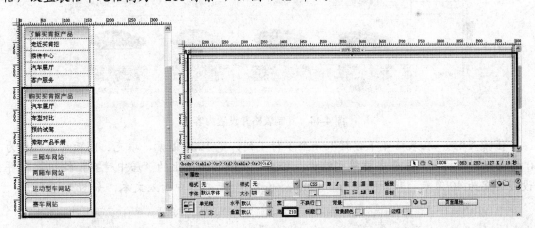

图 4-41　插入表格并设置内容　　　　　图 4-42　插入表格并设置高

步骤 12▶　在上述表格下方插入一个 2 行 4 列，宽为 100%，填充、间距和边框均为 0 的表格。拖动鼠标选中所有单元格，单击"属性"面板上的"居中对齐"按钮 ，使所有单元格中的内容居中显示；设置第 1 行高为 90 像素，第 2 行高为 120 像素，并在第 1 行的 4 个单元格中分别插入汽车图片，在第 2 行的 4 个单元格中分别输入对应的文本，如图 4-43 所示。

图 4-43 插入表格并设置内容

步骤 13▶ 单击选中上述表格，按【Ctrl+C】组合键复制，在其下方单击并按【Ctrl+V】组合键粘贴，然后将其中的图片和文本删除，并重新输入其他产品的图片和说明，如图 4-44 所示。

提 示

此处在粘贴表格时，表格 4 下部已没有空间，有些读者可能不知道此时该如何定位插入点。没关系，你可以先选中上方的表格，然后按键盘上的向右方向键【→】，则新插入或拷贝的表格将出现在所选表格的下方。

图 4-44 复制表格并设置内容

步骤 14▶ 在表格 4 下方插入一个 1 行 1 列，宽 1000 像素，填充、间距和边框均为 0 的表格。将插入点置于表格单元格中，单击"属性"面板上的"居中对齐"按钮≣，并设置其高为 40 像素，背景图像为"bottom.png"，然后在其中输入文本，如图 4-45 所示。

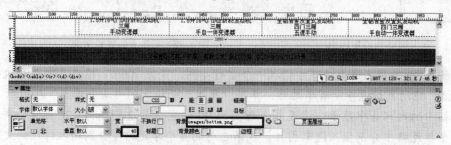

图 4-45 插入表格并设置内容

步骤 15▶ 选择"文件" > "另存为"菜单，保存文档为"index_b.html"。我们在后面还会用到该文档。

4.2　使用框架

利用框架可以将一个浏览器窗口划分为多个区域，且每个区域都可以显示不同的 HTML 文档。使用框架的最常见情况就是，一个框架显示包含导航控件的文档，另一个框架显示含有内容的文档。例如，大家经常看到的论坛网页。

4.2.1　关于框架和框架集

在框架网页中，浏览器窗口被划分成了若干区域，每个区域称为一个框架。每个框架可显示不同的文档内容，彼此之间互不干扰。

框架网页由框架集定义，框架集是特殊的 HTML 文件，它定义一组框架的布局和属性，包括框架的数目、大小和位置，以及在每个框架中初始显示的页面 URL。

框架集文件本身不包含要在浏览器中显示的 HTML 内容，只是向浏览器提供应如何显示一组框架，以及在这些框架中应显示那些文档。

要在浏览器中查看一组框架，需要输入框架集文件的 URL，浏览器随后打开要显示在这些框架中的相应文档。

图 4-46 显示了一个由两个框架组成的框架网页：一个较窄的框架位于左侧，其中包含导航条；一个大框架占据了页面的其余部分，包含网页的主要内容。这些框架中的每一个都显示单独的 HTML 文档。

图 4-46　框架网页

在此示例中，当访问者浏览站点时，单击左侧框架中的某一超链接，要么展开或收缩其中的栏目，要么更改右侧框架的内容。该网页至少由三个单独的 HTML 文档组成：框架集文件以及两个文档，这两个文档包含这些框架内初始显示的内容。在 Dreamweaver 中设计使用框架集的页面时，必须保存全部这三个文件，以便该页面可以在浏览器中正常显示。

实训 1　创建框架集

　　用户可以直接创建框架集，也可以在普通页面中加载预定义的框架集。其中，直接创建框架集的方法与创建普通页面的方法相似。

【实训目的】
- 　了解创建框架集的方法。

【操作步骤】

步骤 1▶　启动 Dreamweaver CS3 后，选择"文件">"新建"菜单，打开"新建文档"对话框。在左侧的"文档类型"列表中选择"示例中的页"，在"示例文件夹"列表中选择"框架集"，在"示例页"列表中选择一种系统预定义的框架集类型，此处选择"上方固定"，然后单击"创建"按钮，如图 4-47 所示。

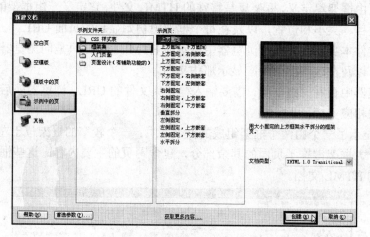

图 4-47　"新建文档"对话框

步骤 2▶　显示"框架标签辅助功能属性"对话框，单击"确定"按钮完成框架集的创建，如图 4-48 所示。

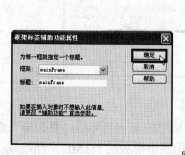
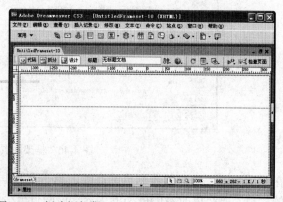

图 4-48　创建框架集

可像取消"图像标签辅助功能属性"对话框一样，打开"首选参数"对话框，取消"框架标签辅助功能属性"对话框。

步骤 3▶ 在普通页面中加载框架集就像插入表格一样简单，只需在"布局"插入栏中单击"框架"按钮 后的黑色下拉箭头，然后在弹出的下拉列表中选择要插入的框架集即可。

实训 2　框架和框架集的属性设置

要设置框架和框架集属性，首先需要选中框架和框架集。选择框架和框架集的方法有两种，一种是在"框架"面板中选择，还有一种是使用鼠标和键盘。

【实训目的】
* 认识"框架"面板。
* 掌握选择框架和框架集的方法。
* 掌握设置框架和框架集属性的方法。

【操作步骤】

步骤 1▶ 选择"窗口">"框架"菜单，可打开"框架"面板。利用"框架"面板选择框架时，直接在面板中相应区域单击即可。选择框架集时，在面板中单击框架集的边框即可，如图 4-49 所示。

步骤 2▶ 在文档窗口中选择框架的方法为，按住【Alt】键，然后在要选择的框架内单击，被选中的框架边线将显示为虚线，如图 4-50 所示。

图 4-49　"框架"面板

图 4-50　选择框架和框架集

步骤 3▶ 选中框架后，利用"属性"面板可设置其属性，包括框架名称、框架源文件、框架边框等，如图 4-51 所示。

图 4-51　框架"属性"面板

下面列出框架"属性"面板中各项参数的意义。

● 框架名称：命名选取的框架，以方便被程序引用或作为链接的目标框架。

提示

框架名只能包含字母、下划线等，且必须是字母开头，不能出现连字符、句点及空格，不能使用 JavaScript 的保留关键字。

● 源文件：显示框架源文件的保存路径，单击编辑框后的 🗀 按钮可重新指定框架源文件。

● 边框：选择是否显示框架的边框。

● 滚动：设置框架滚动条的属性，"是"表示无论框架文档中的内容是否超出框架大小，都显示滚动条；"否"表示不管框架内容是否超出框架大小，都不显示滚动条；"自动"表示当框架内容超出框架大小时，出现框架滚动条，否则不出现框架滚动条；"默认"表示采用浏览器默认的方式。

● 不能调整大小：选中该复选框表示不能在浏览器中拖动框架边框来改变框架大小。

● 边框颜色：设置框架边框的颜色。

● 边界宽度：设置框架内容距左右边框的距离。

● 边界高度：设置框架内容距上下边框的距离。

步骤4▶ 选中框架集后，利用"属性"面板同样可设置其属性，如图 4-52 所示。该面板中各项参数的含义与框架"属性"面板相同。

图 4-52　框架集"属性"面板

实训 3　保存框架文件

框架及框架集的保存与一般网页文档的保存不同，框架集中的每一个框架都相当于一个网页文档。因此，在保存框架网页时，需要保存单个的框架，还需要保存框架集。

【实训目的】

● 掌握保存框架文件的方法。

【操作步骤】

步骤 1▶ 如要保存框架，可先将插入点定位在要保存的框架中，然后选择"文件" > "保存框架"菜单保存该框架文件。如果该框架未被保存过，会弹出"另存为"对话框，在该对话框中指定保存路径和文件名后，单击"保存"按钮即可。

步骤 2▶ 保存框架集的方法与保存框架相似，首先选中所需保存的框架集，然后选择"文件" > "保存框架页"菜单即可。

步骤 3▶ 选择"文件" > "保存全部"菜单，可保存框架集中的所有文档。此时会依次弹出多个"另存为"对话框，根据提示逐个保存框架集中的所有文档即可。

综合实训2——制作影音世界网页

在学习了框架的基础知识后，下面通过一个实例来练习一下框架在实际网页制作中的应用。该例制作了一个名为"影音世界"的网页，它首先利用框架将页面划分成了若干区域。另外，在局部布局中也用到了表格。网页效果如图4-53所示。

图4-53　网页效果图

步骤 1▶ 首先将本书附赠的"\素材与实例\frame"文件夹中的"images"文件夹，以及s.css、s1.css、yule.html和yuleleft.html文件拷贝到本地站点根文件夹中。

步骤 2▶ 新建一个网页，将文档窗口上方的"常用"插入栏切换至"布局"插入栏，单击框架按钮□右侧的小三角符号，在弹出的列表中选择"顶部和嵌套的左侧框架"，如图4-54所示。

步骤 3▶ 选择"文件" > "保存框架页"菜单，保存框架页为"yuletotal.html"。将插入点置于上方框架中，选择"文件" > "保存框架"菜单，保存框架为"yuletop.html"。

步骤 4▶ 单击"属性"面板上的"页面属性"按钮，在弹出的"页面属性"对话框中设置"上边距"为6像素，如图4-55所示。

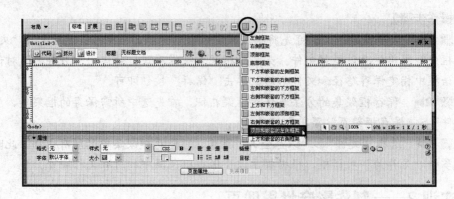

图 4-54 插入框架集

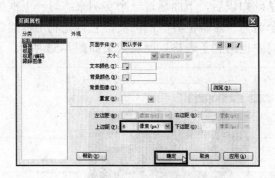

图 4-55 设置页面属性

步骤 5▶ 在上方框架中输入文本"影音世界"，在"属性"面板上设置文本大小为"30像素"，字体为"汉仪超粗黑简"，颜色为"#6699FF"（天蓝色），如图 4-56 所示。

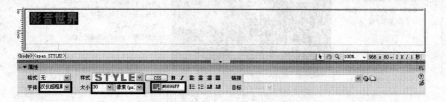

图 4-56 输入文本并设置属性

步骤 6▶ 将插入点置于"影音世界"右侧，连按两次【Shift+Enter】组合键，单击"常用"插入栏中的"图像"按钮，插入图片"dhb1.gif"，如图 4-57 所示。

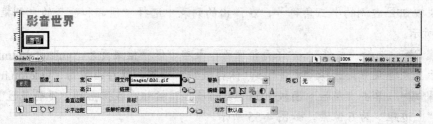

图 4-57 插入图片

步骤 7▶ 在刚插入的图片右侧单击，继续插入其他图片，最后效果如图 4-58 所示，此时上方框架就制作完成了，按【Ctrl+S】组合键保存文件。

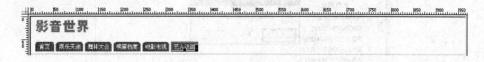

图 4-58 插入其他图片

步骤 8▶ 按住【Alt】键的同时单击左侧框架上任意处选中该框架，单击 "属性" 面板上 "源文件" 编辑框后的 "浏览文件" 按钮 🗀，打开 "选择 HTML 文件" 对话框，在 "查找范围" 下拉列表中选择源文件所在位置，在文件列表中选择源文件，然后单击 "确定" 按钮，如图 4-59 所示。

图 4-59 设置左侧框架源文件

步骤 9▶ 将光标置于左右框架的分界线上，当光标变为双向箭头时向右拖动鼠标，加宽左侧框架，使整个源文件显示出来，如图 4-60 所示。

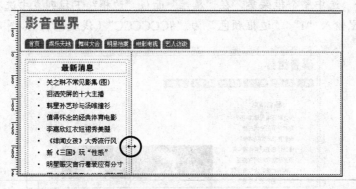

图 4-60 设置框架宽度

步骤 10▶ 选中右侧框架，单击 "属性" 面板上 "源文件" 编辑框后的 "浏览文件" 按钮 🗀，设置右侧框架源文件为 "yule.html"，单击 "确定" 按钮后会弹出提示框，单击 "是" 按钮，如图 4-61 所示。

图 4-61　设置右侧框架源文件时弹出提示框

步骤 11▶　弹出"另存为"对话框，在"保存在"下拉列表中选择保存文件的位置，在"文件名"编辑框中输入文件名"yulele"，然后单击"保存"按钮，如图 4-62 所示。

图 4-62　设置右侧框架源文件

步骤 12▶　选中整个框架集，在"属性"面板"边框"下拉列表中选择"是"，"边框宽度"编辑框里输入"1"，"边框颜色"为"#CCCCCC"（浅灰色），如图 4-63 所示。

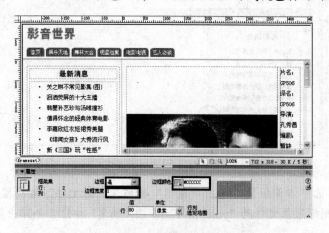

图 4-63　设置框架集属性

课后总结

制作网页时，设计网页布局非常重要。在 Dreamweaver CS3 中，我们可以借助表格和框架设计任意形状的网页布局。总的来说，表格及框架的创建和编辑方法并不难，难的是如何设计出漂亮而又合理的网页布局。别无他法，只有多观摩好的布局，并在此基础上多加练习。

思考与练习

一、填空题

1. 所谓表格（Table）就是由一个或多个_____构成的集合，表格中横向的多个单元格称为_____，垂直的多个单元格称为_____。

2. 在 Dreamweaver 中选择表格的方法非常简单，只需用鼠标_____表格边框线即可。当表格外框显示为_____粗实线时，就表示该表格被选中了。

3. 要选择某个单元格，可首先将插入点放置在该单元格内，然后按_____组合键或者单击"标签选择器"中对应的_____标签。

4. 要选择表格中的某行或某列，可将光标置于该行的_____或该列的_____，当光标形状变为黑色箭头➡或⬇时单击鼠标。

5. 所谓_____表格，就是在一个大表格的某个单元格里插入一个新的表格，我们看到的绝大多数网页都是由多个表格相互嵌套进行网页布局的。

6. _____可以将一个浏览器窗口划分为多个区域，且每个区域都可以显示不同的 HTML 文档。

7. 框架名只能包含_____、_____等，且必须是字母开头，不能出现连字符、句点及空格，不能使用 JavaScript 的保留关键字。

二、问答题

1. 简述合并与拆分单元格的方法。
2. 简述在单元格中添加或删除行和列的方法。

三、操作题

使用表格布局如图 4-64 所示的"彩蝶服饰"网页。

提示：

（1）首先将本书附赠素材"\素材与实例\dress"文件夹中的"images"文件夹拷贝到本地站点根文件夹中。

（2）新建网页并保存为"index.html"。按【Ctrl+J】组合键，设置"页面属性"如图 4-65 所示。

图 4-64　"彩蝶服饰"网页　　　　　　　　　图 4-65　设置页面属性

（3）在网页中插入一个 1 行 4 列，宽 1000 像素的表格，称该表格为"表格 1"。设置表格 1 的背景图像为"1_03.jpg"，第 1 个单元格高为"87 像素"。

（4）在第 2 个单元格中插入图片"1_02.jpg"，将第 4 个单元格拆分为两行，设置第 2 行的"高"为"34 像素"，"背景图像"为"1_06.jpg"，如图 4-66 所示。

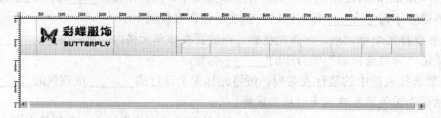

图 4-66　插入表格并设置属性

（5）在第 2 行单元格中嵌套一个 1 行 8 列，宽为 90% 的表格。设置表格居中对齐，并输入文本。拖动单元格之间的分界线，使得文本与背景上的单元格一一对应，如图 4-67 所示。

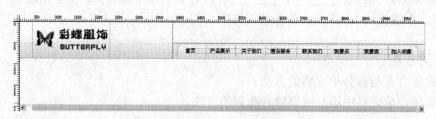

图 4-67　输入文本并对齐

（6）在"表格 1"下方插入一个 1 行 1 列，宽 1000 像素的表格，称该表格为"表格 2"。在表格 2 中插入图片"1_08.jpg"，如图 4-68 所示。

（7）在"表格 2"下方插入一个 1 行 1 列，宽 1000 像素的表格，称该表格为"表格 3"。设置表格 3 的"背景图像"为"1_10.jpg"，然后在其中插入图片"1_09.jpg"，如图 4-69 所示。

图 4-68　插入表格并在其中插入图片

图 4-69　插入表格 3 并设置属性

（8）在"表格 3"下方插入一个 3 行 4 列，宽 1000 像素，单元格边距为 10 的表格，称该表格为"表格 4"。

（9）在"表格 4"的第 1 个单元格中单击，并向右拖动鼠标选中所有单元格，单击"属性"面板上的"居中对齐"按钮，使所有单元格居中对齐。

（10）在"表格 4"的第 1 行单元格中分别插入不同的图片，如图 4-70 所示。

图 4-70　插入表格 4 并在第 1 行中插入图片

（11）在"表格 4"的第 2 行单元格中分别输入文本，在第 3 行单元格中插入按钮图片，如图 4-71 所示。

图 4-71　输入文本并插入图片

（12）可参考上面的步骤制作网页其他内容。本例对应的网页源文件为本书附赠素材"\素材与实例\dress"文件夹中的"index.html"。

第5章　应用超链接和行为

【本章导读】

本章主要介绍超链接和行为的应用。超链接是网站中最重要的组成部分，它指向我们要访问的目标文档或其他元素，从而使我们可以从一个页面跳转到另一个页面，或执行其他操作；利用行为可以实现浮动的广告，滚动的字幕，以及可以收缩、放大的图像等效果。

【本章内容提要】

☞　应用超链接
☞　应用行为

5.1　应用超链接

超链接的类型包括很多种，最常用的是常规超链接，另外还有图片链接、下载链接、电子邮件链接等，下面分别介绍。

实训1　设置常规超链接

常规超链接包括内部超链接和外部超链接，内部超链接是指目标文件位于站点内部的链接；外部超链接可实现网站与网站之间的跳转，也就是从本网站跳转到其他网站。

【实训目的】

● 掌握内部超链接的设置方法。
● 掌握外部超链接的设置方法。

【操作步骤】

步骤 1▶ 内部超链接的设置方法有多种，在选中要设置链接的文本或图像后，可以在"属性"面板上的"链接"编辑框中直接输入要链接到的网址或网页名称；也可以通过单击"属性"面板上"链接"编辑框右侧的文件夹图标▢，在弹出的"选择文件"对话框中选择要链接到的网页文件，如图 5-1 所示。

图 5-1　设置内部链接

另外，单击并拖动"属性"面板上"链接"编辑框右侧的⊕按钮到"文件"面板中的文件上，可以将该文件设置为链接目标。此设置方式的前提是此时的"文件"面板中显示的是该网页所在网站，如图 5-2 所示。

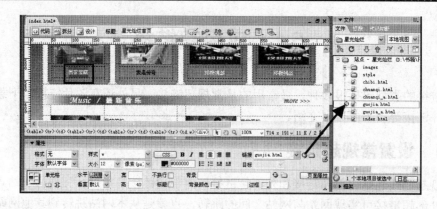

图 5-2　设置内部链接

"属性"面板上"链接"编辑框下方的"目标"表示打开链接文档的方式，默认为在当前窗口中打开链接网页，其中各选项的意义如下。

- _blank：表示在保留当前网页窗口的状态下，在新窗口中显示被打开的链接网页。
- _parent：表示在当前窗口显示被打开的链接网页；如果是框架网页，则在父框架中显示被打开的链接网页。
- _self：表示在当前窗口显示被打开的链接网页；如果是框架网页，则在当前框架中显示被打开的链接网页。
- _top：表示在当前窗口显示被打开的链接网页，如果是框架网页，则删除所有框架，显示当前网页。

步骤 2▶ 外部超链接只能采用一种方法设置，就是在选中对象后，在"属性"面板的"链接"编辑框中输入要链接到的网址，图 5-3 显示了为网页中的图像设置外部超链接的方法。

图 5-3　设置外部超链接

步骤 3▶ 要取消超链接，可在选中已设置超链接的对象后，删除"属性"面板上"链接"编辑框中的内容。

实训 2　设置图片链接和下载链接

我们在上网时经常会碰到图片链接和下载链接。所谓图片链接，是指单击该图片时将打开一幅大图片或一个新网页；所谓下载链接实际上是指将链接目标设置为文件（通常是压缩文件）。

【实训目的】
- 掌握图片链接的设置方法。
- 掌握下载链接的设置方法。

【操作步骤】

步骤 1▶ 要设置图片链接和下载链接，应首先在文档编辑窗口中选中要设置为链接的文本或图片。

步骤 2▶ 在"属性"面板的"链接"编辑框中将链接目标设置为图像文件或压缩文件就可以了，如图 5-4 所示。

　提示

如果希望在新窗口中打开大图像，还应将图像链接"目标"设置为"_blank"。

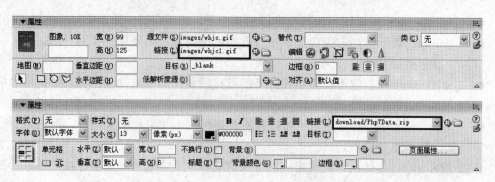

图 5-4　设置图片链接和下载链接

实训 3　设置电子邮件链接

有些网站上留有电子邮件地址，单击该地址可打开"Outlook Express"的"新邮件"窗口，如图 5-5 所示。这是一种特殊类型的链接，又叫电子邮件链接。如果在自己的网站上加一个这样的链接，可以方便浏览者联系你。

【实训目的】
- 掌握电子邮件链接的设置方法。

【操作步骤】

步骤 1▶　打开本书附赠的"\素材与实例\pachyrhizus"文件夹下的"index.html"文档。拖动鼠标选中要设置电子邮件链接的文本（此处为"联系地瓜"），如图 5-6 上图所示。在"属性"面板上"链接"编辑框中输入"mailto: 电子邮箱地址"，此处为 mailto:master@bjjqe.com，如图 5-6 下图所示。

图 5-5　"新邮件"窗口

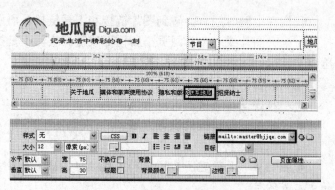

图 5-6　设置电子邮件链接

　　此处是直接在"属性"面板上输入代码来设置电子邮件链接。另外，也可以选择"插入记录"＞"电子邮件链接"菜单，打开"电子邮件链接"对话框（参见图 5-7），然后在"E-mail"编辑框中输入邮箱地址来设置。

图 5-7 "电子邮件链接"对话框

步骤 2▶ 保存文档后按【F12】键预览，将光标置于链接文本上方时，光标变为手形，此时单击鼠标可打开"新邮件"对话框，且"收件人"编辑框中显示刚才设置的电子邮件地址，如图 5-8 所示。

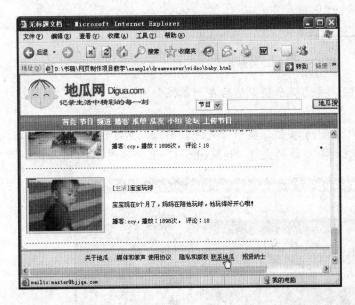

图 5-8 预览效果

实训 4 设置热点链接

热点链接又叫图像映射，就是使用热点工具将一张图片划分成多个区域，并为这些区域分别设置链接。

【实训目的】
● 掌握热点链接的设置方法。

【操作步骤】
步骤 1▶ 打开本书附赠的"\素材与实例\house"文件夹下的"xishan.html"文档。单击选中要设置链接的图片"dh.jpg"，可看到"属性"面板的左下角出现三个不同形状的热点工具，如图 5-9 左图所示。

步骤 2▶ 单击其中的"矩形热点工具"□，然后移动鼠标到图片"dh.jpg"上"夕照台"所在区域，单击鼠标左键并拖动，绘制一个矩形区域，释放鼠标时弹出提示框，如图 5-9 右图所示。

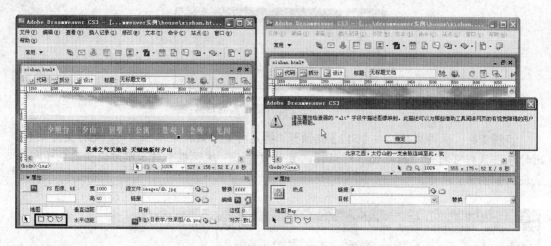

图 5-9　绘制矩形热点

步骤 3▶　单击"确定"按钮，关闭提示框。然后在"属性"面板上"替换"编辑框中为图像映射输入描述性文本。

步骤 4▶　单击文档编辑窗口右侧的"按钮，显示"文件"面板，然后拖动"属性"面板上"链接"编辑框右侧的 按钮到要链接的文件"index.html"上，如图 5-10 所示。

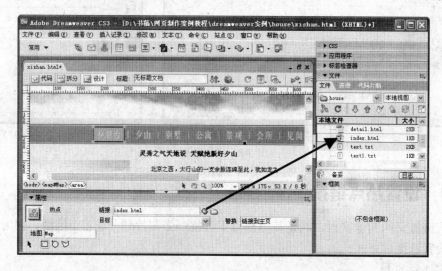

图 5-10　设置热点链接

步骤 5▶　继续在图片上"夕山"所在区域单击鼠标并拖动，绘制一个矩形区域，然后采用同样的方法为该矩形热点区域设置到"xishan.html"的链接，如图 5-11 所示。

知识库

　　像文本和图像一样，可以为热点设置各种类型的链接。

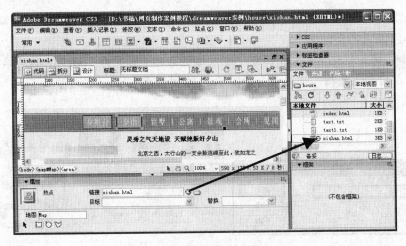

图 5-11　设置热点链接

步骤 6▶ 按【Ctrl+S】组合键保存文档，然后按【F12】键预览。将光标置于文字"夕照台"上方时，光标变为手形（表示此处设置了链接），单击可打开链接的网页，如图 5-12所示。

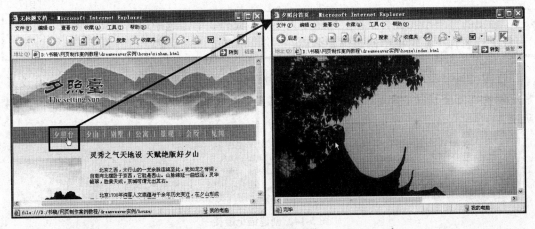

图 5-12　预览网页

实训 5　设置锚记链接

有时候我们可能会遇到这种情况，由于网页的内容非常多，浏览器的滚动条变得很长，而使得浏览者无法快速找到所要的内容。为解决这个问题，我们可以通过锚记链接来为网页添加内部链接，单击该链接，就跳转到网页中指定的位置。要创建锚记链接，应首先命名锚记，即在网页中设置标记，然后创建跳转到该锚记的链接。

【实训目的】
● 掌握锚记链接的设置方法。

【操作步骤】
步骤 1▶ 在希望插入锚记的位置单击，确定插入点，然后单击"常用"插入栏中的

"命名锚记"按钮 ，或选择"插入记录" > "命名锚记"菜单，打开"命名锚记"对话框，如图 5-13 左图所示。

步骤 2▶ 在"锚记名称"编辑框中输入锚记名称（此处为"001"），然后单击"确定"按钮，即可在指定位置插入锚记 ，如图 5-13 右图所示。

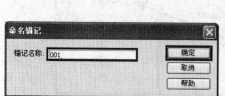
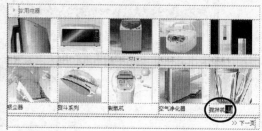

图 5-13 命名锚记

> **提 示**
>
> 锚记名称中不能含有空格，且区分大小写。此外，单击选中命名锚记，可在"属性"面板上"名称"编辑框中修改锚记名称。

步骤 3▶ 添加锚记后，就可以创建指向它的超链接了。设置锚记链接的方法与设置常规超链接完全相同，只是应在链接的锚记名称前输入符号"#"（表示当前页），如图 5-14 所示。

图 5-14 创建锚记链接

步骤 4▶ 设置结束后，在浏览器中浏览网页时，就可以通过单击超链接来定位到锚记所在的位置。

实训 6 使用跳转菜单

我们可以把跳转菜单看作是一种超链接的集合，它以弹出式下拉菜单的形式在网页中展现出来（参见图 5-15）。弹出菜单内的链接没有类型上的限制，可以是本地链接，也可以是到其他网站的链接，还可以是电子邮件链接或锚记链接。

【实训目的】

● 掌握跳转菜单的设置方法。

【操作步骤】

步骤 1▶ 将插入点置于页面中要插入跳转菜单的位置，然后选择"插入记录">"表单">"跳转菜单"菜单，此时将弹出"插入跳转菜单"对话框。在"文本"编辑框中输入"新浪网"，在"选择时，转到 URL"编辑框中输入"http://www.sina.com.cn"，这样第一个列表项就创建完成了，如图 5-16 所示。

图 5-15 跳转菜单 　　　　图 5-16 "插入跳转菜单"对话框

步骤 2▶ 单击"添加项"按钮 ➕，为跳转菜单添加其他项，并参照步骤 2 的方法设置文本和 URL 链接，最后单击"确定"按钮，完成跳转菜单的创建，如图 5-17 所示。

步骤 3▶ 单击选择文档窗口中的跳转菜单，然后可在"属性"面板上"初始化时选定"编辑框中设置初始菜单项（默认为第 1 项），如图 5-18 所示。

图 5-17 添加并设置其他菜单项 　　　　图 5-18 设置初始菜单项

步骤 4▶ 要修改跳转菜单，可首先单击选中跳转菜单，然后单击"属性"面板上的"列表值"按钮，此时将打开图 5-19 所示的"列表值"对话框。通过该对话框可以增加、删除菜单项，调整菜单顺序。增加菜单后，可分别单击该菜单的"项目标签"和"值"，然后输入菜单名称和其链接的网址。

图 5-19 "列表值"对话框

步骤 5▶ 如果在"属性"面板中选中"列表"单选钮，然后在"高度"编辑框中设置列表框高度，则跳转菜单将以列表框形式显示，如图 5-20 所示。

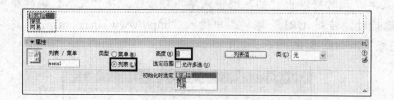

图 5-20　以列表框形式显示的跳转菜单

综合实训 1——为 "macaco" 网页设置链接

下面通过为 "macaco" 网页设置链接，来练习和巩固前面学过的知识。

步骤 1▶ 在 Dreamweaver 中打开本书附赠的 "\素材与实例\macaco" 文件夹下的 "index_b.html" 文档。打开"文件"面板，单击"站点名称"下拉列表，从中选择 "macaco" 站点，如图 5-21 所示。

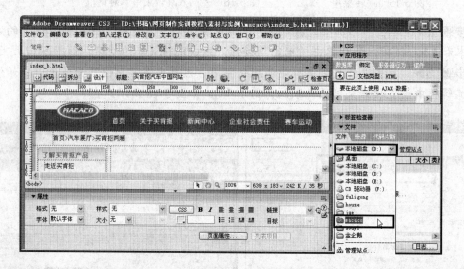

图 5-21　设置 "macaco" 为当前站点

步骤 2▶ 选中导航条中第 1 张图片"首页"，然后单击并拖动"属性"面板上"链接"编辑框后的 ⊕ 按钮至"文件"面板上的网站首页 "index.html"，如图 5-22 所示。可参照同样的方法为导航条中的其他图片设置链接。

步骤 3▶ 选中产品展示中第一种产品的图片，然后参照为导航条设置链接的方法为其设置链接，如图 5-23 所示。

步骤 4▶ 设置链接后的图片周围多了一个蓝色的边框，为将边框去掉，选中图片后，在"属性"面板上"边框"编辑框中输入"0"，设置图片边框为 0，如图 5-24 所示。

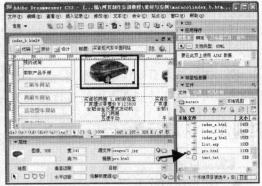

图 5-22 为导航条设置链接　　　　　　　　图 5-23 为产品图片设置链接

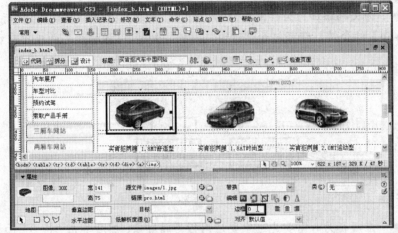

图 5-24 设置图片边框为 0

步骤 5▶ 另存文档为 "index_d.html"，按【F12】键预览。单击设置链接后的图片，
浏览器窗口中变为链接网页，如图 5-25 所示。

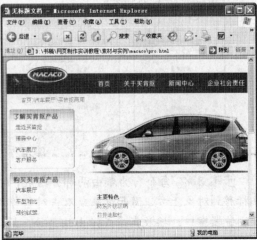

图 5-25 预览网页

5.2　应用行为

　　我们在浏览网页时经常会看到一些浮动的广告，滚动显示的字幕，可以收缩、放大的图像等，所有这些功能都可以通过行为来实现。行为能够帮助用户轻松使用 JavaScript。

实训 1　认识行为

【实训目的】
- 初步认识行为。

【操作步骤】

步骤 1▶　为文档添加行为，需要使用"行为"面板。选择"窗口" > "行为"菜单，或按【Shift+F4】组合键，即可打开"行为"面板，如图 5-26 所示。面板中显示了已添加的行为。

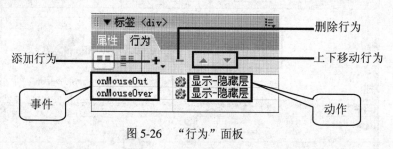

图 5-26　"行为"面板

步骤 2▶　应用行为时需要先选中要应用行为的对象，然后单击"行为"面板中的"添加行为"按钮 **+.**，在打开的"动作"列表中选择效果，之后在打开的对话框中设置效果，最后指定设定的动作在什么情况下发生，也就是指定事件，如图 5-27 所示。

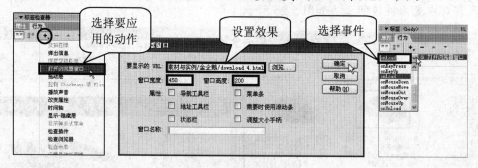

图 5-27　应用行为

步骤 3▶　每个行为都由两部分组成，即事件和动作。所谓事件是指"发生什么"，如鼠标移到对象上方、离开对象或双击对象等都可看做事件；而动作是指"去做什么"，如打开浏览器窗口、播放声音或弹出信息等。简单来说，就是当发生某个事件的时候去执行某项动作。

　　下面分类列出了常用事件和动作的名称及其意义。

1．事件

- onAbort：在浏览器中停止加载网页文档时发生的事件。
- onMove：移动浏览器窗口时发生的事件。
- onLoad：在浏览器中加载完网页时发生的事件。
- onClick：鼠标单击选定对象（如超链接、图片、图片映像、按钮）时发生的事件。
- onFocus：对象获得焦点时发生的事件。例如，单击表单中的文本编辑框触发该事件。
- onMouseDown：单击鼠标左键（不必释放鼠标键）时发生的事件。
- onMouseMove：鼠标指针经过对象时发生的事件。
- onMouseOut：鼠标指针离开选定对象时发生的事件。
- onMouseOver：鼠标指针移入对象上方时发生的事件。
- onMouseUp：当按下的鼠标按键被释放时发生的事件。
- onReset：表单文档被设定为初始值时发生的事件。
- onSubmit：提交表单文档时发生的事件。
- onSelect：在文本区域中选定文本内容时发生的事件。
- onError：加载网页文档的过程中出现错误时发生的事件。
- onFinish：（Marquee）字幕结束一个循环时发生的事件。
- onStart：（Marquee）字幕开始循环时发生的事件。

2．动作

- 检查浏览器：检查访问者所使用的浏览器版本，为其显示合适的网页文档。
- 检查插件：检查访问者所安装的插件，给其发送不同的页面或给出提示。例如，如果网页中包含了 Flash 动画，则可以利用该动作检查访问者的浏览器是否安装了 Flash 播放器插件。如果没有安装，则可以给出提示信息。
- 控制 Shockwave 或 Flash：利用该动作可播放、停止、重播或转到 Shockwave 或 Flash 电影的指定帧。
- 拖动层：利用该动作允许用户拖动层。
- 转到 URL：发生指定的事件时跳转到指定的网页。
- 跳转菜单：当用户通过选择"插入" > "表单" > "跳转菜单"命令创建了一个跳转菜单时，Dreamweaver 将创建一个菜单对象，并为其附加行为。在"行为"面板中双击跳转菜单动作可编辑跳转菜单。
- 打开浏览器窗口：在新窗口中打开网页，并可设置新窗口的尺寸等属性。
- 播放声音：播放声音或音乐文件。
- 弹出信息：显示带指定信息的 JavaScript 警告。用户可在文本中嵌入任何有效的 JavaScript 功能，如调用、属性、全局变量或表达式（需用 "{}" 括起来）。例如，"本页面的 URL 为 {window.location}，今天是{new Date（）}"。
- 预先载入图像：装入图片，但该图片在页面进入浏览器缓冲区之后不立即显示。它主要用于时间线、行为等，从而防止因下载引起的延迟。

- 设置导航栏图像：将图片加入到导航条或改变导航条图片显示。
- 设置状态栏文本：在浏览器左下角的状态条中显示信息。
- 显示-隐藏层：显示、隐藏一个或多个层窗口，或者恢复其缺省属性。
- 显示弹出式菜单：为对象添加弹出式菜单，当触发某事件时显示该弹出式菜单。
- 隐藏弹出式菜单：当触发某事件时隐藏对象的弹出式菜单。
- 交换图像：通过改变 IMG 标记的 SRC 属性改变图像。利用该动作可创建活动按钮或者其他图像效果。
- 恢复交换图像：恢复交换图像至原图。

实训 2　应用"打开浏览器窗口"行为

【实训目的】

- 掌握"打开浏览器窗口"行为的应用。

【操作步骤】

步骤 1▶　应用"打开浏览器窗口"行为，可实现单击目标文字或图片，打开固定大小窗口的效果。

步骤 2▶　首先打开本书附赠的 "\素材与实例\lily" 站点中的 "haird.html" 文档，拖动鼠标选中文本"美白防晒十话十说"，然后在"属性"面板上"链接"编辑框中输入符号 "#" 并按【Enter】键，为文本设置空链接，如图 5-28 所示。

提示

一般对纯文本是不能应用行为的，如果要对其应用行为，首先需要为其设置空链接。

图 5-28　为文本设置空链接

步骤 3▶　打开"行为"面板，单击"添加行为"按钮 +,，在弹出的下拉列表中选择"打开浏览器窗口"，如图 5-29 所示。

图 5-29　添加行为

步骤4▶ 弹出"打开浏览器窗口"对话框，在该对话框中单击"要显示的 URL"编辑框后的"浏览"按钮，弹出"选择文件"对话框，选择要在窗口中显示的网页（此处为"lily"站点中的"ha2.html"网页），并单击"确定"按钮，如图5-30所示。

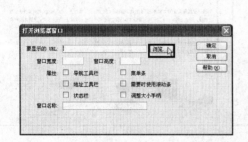

图 5-30　设置要在窗口中显示的网页

步骤5▶ 回到"打开浏览器窗口"对话框，设置窗口宽度和高度，然后单击"确定"按钮，如图5-31所示。

步骤6▶ 在"行为"面板中，单击"事件"列，在其下拉列表中选择"onClick"，如图5-32所示。

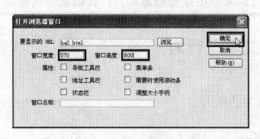

图 5-31　设置窗口宽度和高度　　　　　　　　图 5-32　设置事件

如要编辑行为，可双击"行为"面板中相应的动作名称，比如要编辑此处的"打开浏览器窗口"行为，就要双击"事件"右侧对应的动作名称"打开浏览器窗口"。

步骤7▶ 保存文档后按【F12】键预览，单击添加行为的文本，在显示器左下方弹出一个大小为 570×600 的窗口，如图5-33所示。

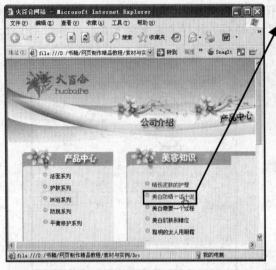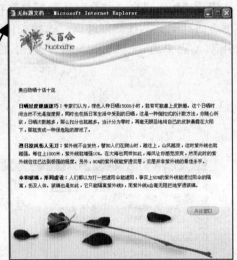

图 5-33 预览文档

> 行为不仅可以应用在文本上，可以对 "body" 标签、图片等任何网页对象应用行为。如果对 "body" 标签应用 "打开浏览器窗口" 行为，可以实现在打开网页的同时弹出新窗口的功能，许多站点都使用这种方式来弹出重要的通知、广告信息等页面。

实训 3 应用"设置状态栏文本"行为

【实训目的】

● 掌握"设置状态栏文本"行为的应用。

【操作步骤】

步骤 1▶ 如果为自己的网页设置一些比较有个性的状态栏文本，那一定很吸引人，下面就来看看如何设置自己的个性状态栏文本。

步骤 2▶ 打开本书附赠的 "\素材与实例\adorning" 文件夹下的 "us_a.html" 文档。单击 "<body>" 标签选中整个文档。打开"行为"面板，单击"添加行为"按钮 +，在弹出的下拉列表中选择"设置文本" > "设置状态栏文本"，如图 5-34 所示。

步骤 3▶ 打开"设置状态栏文本"对话框，在"消息"编辑框中输入要在状态栏中显示的文本，然后单击"确定"按钮，如图 5-35 所示。

步骤 4▶ 在"事件"下拉列表中选择"onLoad"，表示网页下载完毕后即显示设置的状态栏文本，如图 5-36 所示。

步骤 5▶ 保存文档后按【F12】键预览，可以看到状态栏中的文本，如图 5-37 所示。

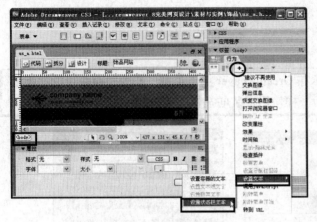

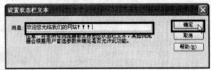

图 5-34 添加行为 　　　　　　　　　　图 5-35 "设置状态栏文本"对话框

图 5-36 设置事件 　　　　　　　　　　图 5-37 预览文档

实训 4 安装插件

【实训目的】
● 掌握安装插件的方法。

【操作步骤】

步骤 1▶ 除 Dreamweaver 内置的行为外，读者还可以到 Adobe 或其他网站上去下载并安装第三方行为。

步骤 2▶ 首先打开安装文件所在文件夹，然后双击该安装文件。打开 "Adobe Extension Manager"，并显示 "扩展功能免责声明"，单击 "接受" 按钮，如图 5-38 所示。

步骤 3▶ 显示 "功能扩展已成功安装"，并提示需重新启动 Dreamweaver CS3，单击 "确定" 按钮。打开 "Adobe Extension Manager" 对话框，并显示已安装的插件，如图 5-39 所示。

> 安装成功后，该插件会自动显示在 Dreamweaver 中，单击"行为"面板中的"添加行为"按钮 +，可像使用内置的行为一样使用安装的插件。

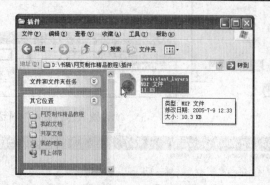

图 5-38　双击安装文件后打开"Adobe Extension Manager"

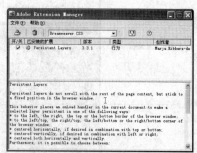

图 5-39　成功安装插件

综合实训 2——为"macaco"网页制作下拉菜单

本节以制作一个下拉菜单为例，来看看"显示-隐藏元素"行为在实际网页制作中的应用。

步骤 1▶ 打开本书附赠的"\素材与实例\ macaco"站点中的"index_d.html"文档。将插入点置于导航条下方的第 4 个空白单元格中，选择"插入记录" > "布局对象" > "AP Div"菜单，在该单元格中插入一个 AP Div。

步骤 2▶ 单击 Div 边框上任意处将其选中，在"属性"面板上"CSS-P 元素"下拉列表中选择"apDiv1"，在"宽"和"高"编辑框中分别输入 80 和 100，然后按【Enter】键确认，如图 5-40 所示。

步骤 3▶ 将插入点置于 Div 中，在其中插入一个 5 行 1 列，宽为 100%的表格。在"属性"面板上设置填充为 3，间距为 1，背景颜色为白色，然后按【Enter】键确认，如图 5-41 所示。

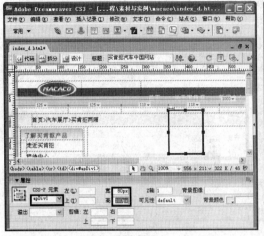

图 5-40　设置 AP Div 大小　　　　　　图 5-41　在 Div 中插入表格并设置属性

步骤 4▶　拖动鼠标选中所有单元格，在"属性"面板上设置单元格背景颜色为"#655709"（同导航条背景颜色），如图 5-42 所示。

步骤 5▶　在各个单元格中分别输入文本，并设置它们的颜色为白色，居中对齐，如图 5-43 所示。

图 5-42　设置单元格背景颜色　　　　　图 5-43　输入文本并设置属性

步骤 6▶　单击"body"标签选中整个文档。打开"行为"面板，单击"添加行为"按钮 **+,**，在弹出的下拉列表中选择"显示-隐藏元素"，如图 5-44 所示。

步骤 7▶　打开"显示-隐藏元素"对话框，选中"div 'apDiv1'"，单击"隐藏"按钮，然后单击"确定"按钮，如图 5-45 所示。

步骤 8▶　在"事件"下拉列表中选择"onLoad"，表示在页面下载完毕后执行该动作。

步骤 9▶　选中导航条中"关于买肯抠"所在图片。单击"添加行为"按钮 **+,**，在弹出的下拉列表中选择"显示-隐藏元素"，打开"显示-隐藏元素"对话框。选中"div 'apDiv1'"

后，单击"显示"按钮，最后单击"确定"按钮确认操作，如图 5-46 所示。

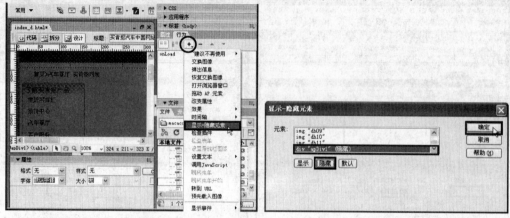

图 5-44 添加"显示-隐藏元素"行为　　　　　　图 5-45 "显示-隐藏元素"对话框

步骤 10▶ 在对应的"事件"下拉列表中选择"onMouseOver"，表示鼠标滑过时显示元素。

步骤 11▶ 再次添加"显示-隐藏元素"行为，这次在选中"div 'apDiv1'"后，单击"隐藏"按钮，如图 5-47 所示。在"事件"下拉列表中选择"onMouseOut"，表示鼠标离开时隐藏元素。

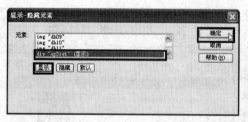　　　　

图 5-46 添加"显示-隐藏元素"行为　　　　　　图 5-47 添加"显示-隐藏元素"行为

步骤 12▶ 选中 div，参照给热点添加行为的方法给 div 添加同样的行为。

步骤 13▶ 拖动鼠标选中"div"所在行的所有单元格，在"属性"面板上"高"编辑框中输入"2"，并按【Enter】键确认，如图 5-48 所示。

图 5-48 设置单元格高

步骤 14▶　单击"拆分"按钮，在文档窗口上方显示代码视图。将刚才选择的所有单元格中的" "符号删除，以使单元格按照设置的实际高度显示，如图 5-49 所示。

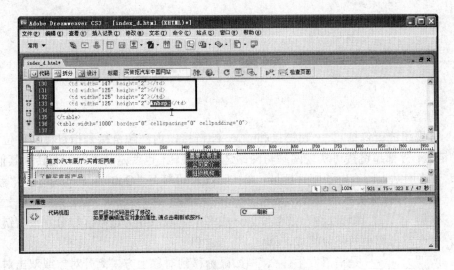

图 5-49　删除所有单元格中的空格符号

步骤 15▶　另存文档为"index_e.html"，之后按【F12】键预览，默认不显示下拉菜单；当将光标放在"关于买肯抠"上时显示下拉菜单，如图 5-50 所示。

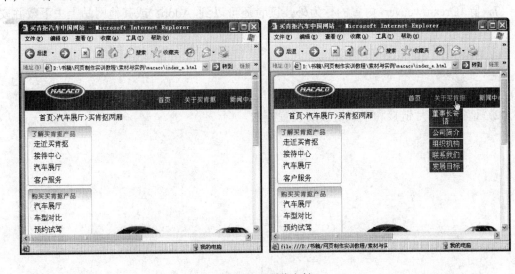

图 5-50　预览文档

课后总结

本章主要介绍了超链接和行为的应用。超链接在网站中是非常重要的内容，如果整个站点中的链接很系统、很有条理，就可以最大限度地降低浏览者在浏览网站时遇到的困难；

对于行为，我们并不提倡在网页中加入过多的行为，因为行为会增加网页的设计难度和浏览器解释行为的时间，大家在使用行为时一定要注意确保合理和恰当，这样才能达到良好的效果。

思考与练习

一、填空题

1．常规超链接包括_____超链接和_____超链接，内部超链接是指目标文件位于站点内部的链接；外部超链接可实现网站与网站之间的跳转，也就是从本网站跳转到其他网站。

2．有些网站上留有电子邮件地址，单击该地址可打开"Outlook Express"的"新邮件"窗口，这是一种特殊类型的链接，又叫_____链接。

3．使用_____工具可以将一张图片划分成多个区域，并为这些区域分别设置链接。

4．每个行为都由两部分组成，即_____和_____。

5．所谓_____是指"发生什么"，如鼠标移到对象上方、离开对象或双击对象等都可看做事件。而_____是指"去做什么"，如打开浏览器窗口、播放声音或弹出信息等。

6．一般对_____是不能应用行为的，如果要对其应用行为，首先需要为其设置一个空链接。

7．除 Dreamweaver 内置的行为外，读者还可以到 Adobe 或其他网站上去下载并安装_____。

二、问答题

1．请简述内部超链接的几种设置方法。

2．请简述图片链接和下载链接的设置方法。

第6章 应用样式表

【本章导读】

样式表可以弥补 HTML 的缺点，应用它可以调整文字间距和行间距，删除链接下划线，设置列表样式，设置图像阴影和透明度等。本章将介绍样式表的基本概念和样式表在网页文档中的应用。

【本章内容提要】

- ☞ 认识样式表
- ☞ 定义样式表
- ☞ 样式表的高级应用

6.1 认识样式表

样式表也叫 CSS（Cascading Style Sheet），它是一个非常灵活的工具。使用样式表不必再把繁杂的样式定义编写在文档结构中，可以将所有有关文档的样式保存在一个文件中。当需要给大量的网页定义同样的样式时，只要将保存样式的文件链接到网页即可。

6.1.1 熟悉"CSS 样式"面板

选择"窗口">"CSS 样式"菜单，可打开"CSS 样式"面板，如图 6-1 所示。在 Dreamweaver CS3 中，我们可以借助"CSS 样式"面板来新建、删除、编辑和应用样式，以及附加外部样式表等。

另外，可以非常直观地查看当前所选对象应用的样式和整个文档中定义的所有样式，还可以直接在"CSS 样式"面板中快速更改样式的属性。

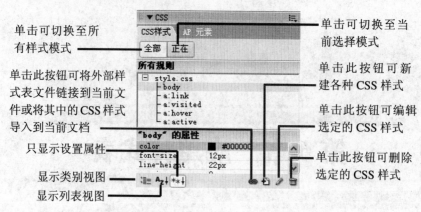

图 6-1　"CSS 样式"面板的"全部"选项卡

　　"CSS 样式"面板的"全部"选项卡包含了两个窗格。其中，上面的"所有规则"窗格显示了当前文档中定义的样式和链接到当前文档的样式文件中定义的样式。使用下方的"属性"窗格可以快速编辑"所有规则"窗格中所选 CSS 样式的属性。

　　通过单击面板左下角的 3 个按钮，可控制属性的显示方式，其中，"类别"视图表示按类别分组显示属性（如"字体"、"背景"、"区块"、"边框"等），并且已设置的属性位于每个类别的顶部；"列表"视图表示按字母顺序显示属性，并且，已设置的属性排在顶部；单击 按钮可只显示已设置的属性。此外，在类别视图和列表视图模式下，已设置的属性将以蓝色显示。要修改属性，可直接单击选择属性，然后进行修改。

　　按下"正在"按钮，"CSS 样式"面板显示三个窗格（参见图 6-2），上面是当前所选内容的 CSS 属性摘要，中间显示了所选属性位于哪个样式中，下面显示了 CSS 样式属性。

6.1.2　"CSS 样式"的存在方式

　　CSS 样式以两种方式存在于网页中，下面分别介绍。

- 外部 CSS 样式表：为增强 CSS 样式的通用性，我们可以创建扩展名为.css 的样式表文件。利用"CSS 样式"面板可将该文件链接到站点中的一个或多个网页中，从而使用户可以直接应用其中定义的样式。
- 内部（或嵌入式）CSS 样式表：是一系列包含在 HTML 文档 head 部分 style 标签内的 CSS 样式，如图 6-3 所示。

图 6-2　"CSS 样式"面板的
　　　　　"正在"选项卡

图 6-3　内部 CSS 样式表

与 HTML 文件一样，CSS 样式表文件也是一个文本文件，用户既可以直接使用 Dreamweaver 来创建它，也可以使用"记事本"等文本编辑器来编写。

在制作网站时，用户大都会将常用的样式保存在样式表文件中，而将个别对象用到的样式嵌套在相应的网页文档中，从而省去很多重复性工作，大大提高了网站的制作和维护效率。

6.2 定义样式表

实训 1 定义样式的步骤

【实训目的】

● 了解 CSS 样式的分类。

● 了解定义 CSS 样式的步骤。

【操作步骤】

步骤 1▶ 在"CSS 样式"面板中单击"新建 CSS 规则"按钮，打开"新建 CSS 规则"对话框，如图 6-4 所示。

步骤 2▶ 在"选择器类型"区选择要创建的 CSS 类型。

由图 6-4 可以看出，CSS 样式被分为 3 类，其中各选项的意义如下。

● 类样式：又称自定义样式，它是唯一可应用于文档中任何对象的 CSS 样式类型，主要用于定义一些特殊的样式。例如，可为网页中的列表项定义样式，如图 6-5 所示。

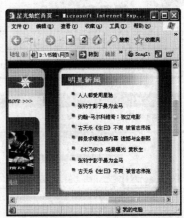

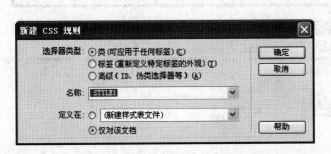

图 6-4　"新建 CSS 规则"对话框　　　　　图 6-5　类样式

 .提 示.

> 对于类样式而言，当我们修改了所选文本的字体、大小、颜色等属性后，系统会自动创建相应的内部样式。此外，也可以通过"CSS 样式"面板来直接创建类样式和其他两种样式。

- 标签样式：用来重定义 HTML 标签的格式。例如，创建 h1 标签样式后，所有用 h1 标签设置了格式的文本都将自动更新。又如，一旦定义了 body 样式，则网页背景将自动按照定义的 body 样式更新。
- 选择器样式：又称高级样式，它主要用来定义链接文本的样式，也可用来重定义特定标签组合的样式。例如，每当 h2 标题出现在表格单元格内时都会生成 td h2 标签组合。因此，如果我们定义了 td h2 标签组合样式，则它将影响文档中的全部 td h2 标签组合。

 .提 示.

> 选择器样式还可重定义包含特定 id 属性的所有标签的格式。例如，#myStyle 样式将应用于所有包含属性 id="myStyle"的标签。

步骤 3▶ 如在步骤 2 中选择了"类"样式，需在"名称"编辑框中输入样式名称；如在步骤 2 中选择了"标签"样式，需在"标签"下拉列表中选择标签（参见图 6-6）；如在步骤 2 中选择了"高级"样式，需在"选择器"编辑框中输入样式名称，或在其下拉列表中选择一种链接样式（参见图 6-7）。

 .知识库.

> 类名称必须以句点开头，并且可以包含任何字母和数字组合（例如，.myhead1）。如果没有输入开头的句点，Dreamweaver 将自动输入。

图 6-6 选择标签

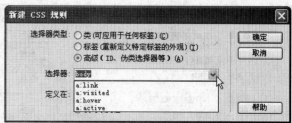

图 6-7 选择"选择器"类别

"选择器"下拉列表中一共有 4 个选项，"a:link"表示正常状态下链接文本的样式；"a:visited"表示访问过的链接样式；"a:hover"表示鼠标放在链接文本上方时的样式；"a:active"表示在链接文本上按下鼠标时的样式。

步骤 4▶ 在"定义在"选项组中指定保存样式的位置。其中：要创建外部样式表，请在"定义在"下拉列表中选择"新建样式表文件"；要将新建样式保存在当前站点中的现有样式表文件中，可以在"定义在"下拉列表中选择样式表文件；要在当前文档中嵌入样式，请选择"仅对该文档"单选钮。

步骤 5▶ 单击"确定"按钮。如果在步骤 4 中选择了"新建样式表文件"选项，系统将首先打开图 6-8 所示的"保存样式表文件为"对话框。用户可利用该对话框设置样式表文件名称和保存位置。单击"保存"按钮，系统将打开图 6-9 所示的"CSS 规则定义"对话框。

否则，如果在步骤 4 中选择了"仅对该文档"选项，则系统将直接打开图 6-9 所示"CSS 规则定义"对话框。

图 6-8　"保存样式表文件为"对话框　　　图 6-9　"CSS 规则定义"对话框

在"CSS 规则定义"对话框左侧的"分类"列表区选择不同分类，可设置样式的不同属性。下面结合 CSS 样式的主要用途，简要介绍一下 CSS 样式的主要属性。

（1）类型属性

用来定义字体、大小、粗细、样式、行高、大小写、颜色等，主要针对网页中的文本。

（2）背景属性

用来定义背景属性，可以对网页中的任何元素应用背景属性，还可以设置背景图像的位置，如图 6-10 所示。

其中部分选项的意义如下：

● 重复（background-repeat）：确定是否以及如何重复背景图像。"不重复"表示在元素开始处显示一次图像；"重复"表示在元素的后面水平和垂直平铺图像；"横向重复"和"纵向重复"分别表示背景图像在水平方向和垂直方向上平铺图像。

● 附件（background-attachment）：确定背景图像是固定在它的原始位置还是随内容
  一起滚动。

图 6-10　背景属性

● 水平位置和垂直位置（background-position）：指定背景图像相对于元素的初始位
  置。可以使背景图像与页面中心垂直和水平对齐。如果附件属性为"固定"，则位
  置相对于"文档"窗口而不是元素。

（3）区块属性

这类属性用来定义文字的排列格式，包括单词间距、字母间距、垂直对齐方式、文本
对齐方式、首行文字缩进和空格的处理方式等。

（4）方框属性

用来定义元素在页面上的放置方式，如元素的高度和宽度，元素内容与边框之间的间
距，以及元素边框与另一元素之间的间距等。

（5）边框属性

用来定义元素周围边框，如边框宽度、边框颜色和样式等。可以利用该属性定义特殊
边线的表格。

（6）列表属性

用来定义列表样式，如项目符号类型（可选择系统内置项目符号或将某个图像作为项
目符号），项目文字位置（文字换行后是否缩进）等。

（7）定位属性

用于设置"层"定位属性，一般不会用到。

（8）扩展属性

对样式所控制的对象应用特殊效果，比如可以为图片设置阴影或不透明度等。

实训 2　定义"类"样式

【实训目的】

● 掌握"类"样式的一般定义方法。

【操作步骤】

步骤 1▶ 打开本书附赠的"\素材与实例\lily"文件夹中的"pro_b.html"文档。单击"CSS 样式"面板下方的"新建 CSS 规则"按钮，打开"新建 CSS 规则"对话框。在"选择器类型"区选择"类"，在"名称"编辑框中输入"list1"，在"定义在"区选择"新建样式表文件"，如图 6-11 所示。

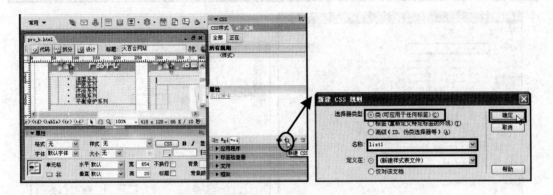

图 6-11 打开"新建 CSS 规则"对话框

步骤 2▶ 单击"确定"按钮，打开"保存样式表文件为"对话框，在"保存在"下拉列表中选择要保存文件的文件夹（此处为站点中的"style"文件夹），在"文件名"编辑框中输入文件名"s2"，然后单击"保存"按钮，如图 6-12 所示。

步骤 3▶ 打开".list1 的 CSS 规则定义"对话框，在"分类"列表区选择"列表"选项，然后单击"项目符号图像"后的"浏览"按钮，如图 6-13 所示。

图 6-12 "保存样式表文件为"对话框　　图 6-13 ".list1 的 CSS 规则定义"对话框

步骤 4▶ 打开"选择图像源文件"对话框，在"查找范围"下拉列表中选择图像文件所在文件夹（此处为站点中的"images"文件夹），在文件列表中选择图像文件"clov04.gif"，然后单击"确定"按钮，如图 6-14 所示。

步骤 5▶ 回到".list1 的 CSS 规则定义"对话框，在"位置"下拉列表中选择"外"，然后单击"确定"按钮，如图 6-15 所示。

在"位置"下拉列表中选择"外"，表示项目文字换行时不缩进；如果选择"内"，表示项目文字换行时缩进，读者可以试试两种效果的区别。

图 6-14 "选择图像源文件"对话框

图 6-15 设置"位置"选项

步骤 6▶ 在文档编辑窗口中自动打开"s2.css"文件，分别保存"pro_b.html"和"s2.css"文件。

步骤 7▶ 切换至"pro_b.html"文档，拖动鼠标选中要应用"类"样式的文本，在"属性"面板"样式"下拉列表中选择"list1"，如图 6-16 所示。

步骤 8▶ 保存文档后，按【F12】键预览，可以看到设置的列表样式效果，如图 6-17 所示。

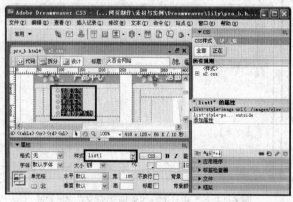
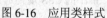

图 6-16 应用类样式

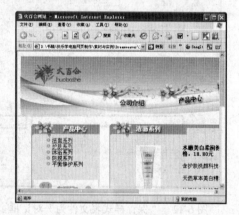

图 6-17 预览样式

实训 3 定义"标签"样式

【实训目的】

● 掌握"标签"样式的一般定义方法。

【操作步骤】

步骤 1▶ 在样式类型中，最常用的就是标签样式。继续在前面的文档中操作，单击"新建 CSS 规则"按钮 ，打开"新建 CSS 规则"对话框。

步骤 2▶ 在"选择器类型"区选择"标签（重新定义特定标签的外观）"，在"标签"下拉列表中选择"body"，在"定义在"区域选择已存在的样式文件"s2.css"，然后单击"确定"按钮，如图 6-18 所示。

步骤 3▶ 打开"body 的 CSS 规则定义"对话框，在"大小"下拉列表中选择"12"，则后面的单位自动变为"像素"，在"行高"下拉列表中选择"值"，然后在"值"编辑框中输入"20"，单击"颜色"后的■按钮，设置文本颜色为黑色，如图 6-19 所示。

图 6-18 "新建 CSS 规则"对话框

图 6-19 设置"类型"属性

知识库

在"定义在"区域选择"s2.css"，表示此次定义的样式保存在网站中已有的样式表文件"s2.css"中。

步骤 4▶ 在"分类"列表区选择"方框"，然后在"边界"区域的"上"编辑框中输入"0"，下方的三个也自动变为 0，最后单击"确定"按钮，如图 6-20 所示。

步骤 5▶ 在文档标签栏中出现打开的样式文件"s2.css"，同时样式面板中也出现刚定义的样式，如图 6-21 所示。

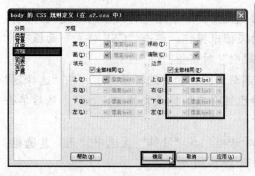

图 6-20 设置"方框"属性

图 6-21 定义好标签样式

 **提示**

> 此处的"上、下、左、右"就表示网页距浏览器四周的边距，与"页面属性"中的边距等效。

步骤 6▶ 分别保存网页文档和样式文件"s2.css"，然后按【F12】键预览文档。可以看到网页中的文本变得整齐而漂亮，网页四周的边距也不见了，如图 6-22 所示。

图 6-22　预览文档

实训 4　定义链接样式

【实训目的】

● 掌握链接样式的一般定义方法。

【操作步骤】

步骤 1▶　"链接"是网站中不可缺少的组成元素，本节通过为链接文本定义样式，来看看高级样式的一般设置方法。继续在前面的文档中操作，单击"CSS 样式"面板下方的"新建 CSS 规则"按钮，打开"新建 CSS 规则"对话框。

步骤 2▶　在"选择器类型"列表区选择"高级（ID、伪类选择器等）"，在"选择器"下拉列表中选择"a:link"，在"定义在"区选择已经存在的样式文件"s2.css"，然后单击"确定"按钮，如图 6-23 所示。

步骤 3▶　打开"a:link 的 CSS 规则定义"对话框，在"修饰"区选中"无"复选框，设置"颜色"为黑色，然后单击"确定"按钮，如图 6-24 所示。

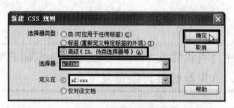

图 6-23 "新建 CSS 规则"对话框   图 6-24 设置"类型"属性

步骤 4▶ 可以看到"CSS 样式"面板中生成了"a:link"样式，网页中的链接文本自动套用了刚才设置的样式，如图 6-25 所示。

步骤 5▶ 再次单击"新建 CSS 规则"按钮，打开"新建 CSS 规则"对话框，在"选择器"下拉列表中选择"a:visited"，其他同上，最后单击"确定"按钮，如图 6-26 所示。

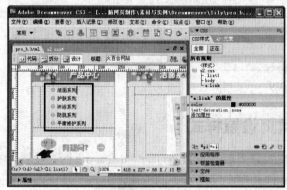

图 6-25 创建了"a:link"样式   图 6-26 创建"a:visited"样式

步骤 6▶ 在打开的"a:visited 的 CSS 规则定义"对话框中，设置颜色为"#70119F"（紫色），其他同上，最后单击"确定"按钮，如图 6-27 所示。

步骤 7▶ 接下来需要设置"a:hover"样式，即鼠标经过链接文本时的样式。按照前面讲的方法打开"a:hover 的 CSS 规则定义"对话框，在"修饰"列表区勾选"下划线"复选框，设置颜色为"#70119F"（紫色），最后单击"确定"按钮，如图 6-28 所示。

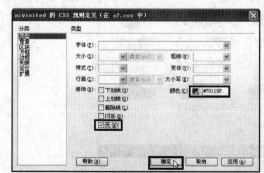

图 6-27 设置"a:visited"样式   图 6-28 设置"a:hover"样式

步骤 8▶ 保存样式文件，并按【F12】键预览网页，将光标置于链接文本上方时，链接文本变为紫色，且下方出现下划线，如图 6-29 所示。

·提 示·

> 细心的读者可能会发现，上面定义样式时并没有设置文本大小，这是因为前面在定义"body"样式时已经设置了文本大小。因此，这里没必要再做重复工作。

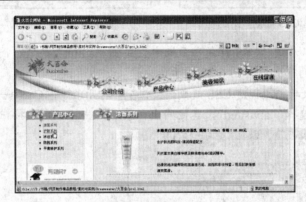

图 6-29　预览网页

综合实训——为"macaco"网页设置样式

在讲解了定义样式表的方法和样式表的分类后，下面通过为"macaco"网页设置标签样式、类样式及链接样式，来了解这三种样式在实际网页中的应用，并进一步练习和巩固前面学过的知识。设置样式后的"macaco"网页效果如图 6-30 所示。

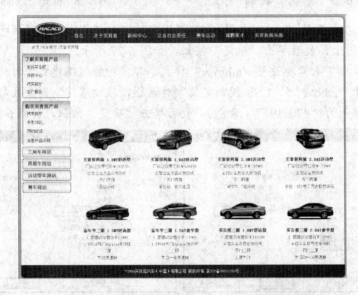

图 6-30　设置样式后的"macaco"网页效果图

步骤 1▶ 在 Dreamweaver 中打开本书附赠的 "\素材与实例\macaco" 文件夹下的 "index_e.html" 文档。

步骤 2▶ 打开 "新建 CSS 规则" 对话框, 在 "选择器类型" 区选择 "标签", 在 "标签" 下拉列表中选择 "body", 在 "定义在" 列表区选择 "新建样式表文件" 单选钮, 如图 6-31 所示。

步骤 3▶ 单击 "确定" 按钮, 打开 "保存样式表文件为" 对话框, 在 "保存在" 下拉列表中选择保存样式文件的文件夹, 在 "文件名" 编辑框中输入文件名 (此处为 "s1"), 单击 "保存" 按钮, 如图 6-32 所示。

图 6-31 "新建 CSS 规则" 对话框 　　　图 6-32 "保存样式表文件为" 对话框

步骤 4▶ 打开 "body 的 CSS 规则定义" 对话框, 在 "字体" 下拉列表中选择 "宋体", 在 "大小" 下拉列表中选择 "12", 在 "行高" 编辑框中输入 "20", 单击颜色设置按钮, 设置颜色为 "#999999" (灰色), 如图 6-33 所示。

步骤 5▶ 单击 "分类" 列表中的 "背景" 选项, 然后单击 "背景图像" 编辑框后的 "浏览" 按钮, 设置背景图像为 "dh_15.png", 如图 6-34 所示。

图 6-33 设置 "body" 的 "类型" 属性　　　图 6-34 设置 "背景" 属性

步骤 6▶ 单击 "分类" 列表中的 "方框" 选项, 然后在 "边界" 设置区 "上" 编辑框中输入 "0", 则下方的编辑框中自动变为 "0", 如图 6-35 所示。

步骤 7▶ 单击"确定"按钮，可以看到网页中的对象自动套用了设置的样式，如图 6-36 所示。

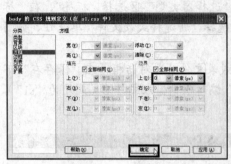

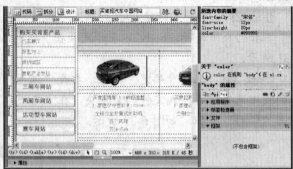

图 6-35 设置"方框"属性　　　　　　　　图 6-36 样式效果

步骤 8▶ 再次打开"新建 CSS 规则"对话框，在"选择器类型"区选择"类"，在"名称"编辑框中输入"t1"，在"定义在"下拉列表中选择"s1.css"，如图 6-37 所示。

步骤 9▶ 单击"确定"按钮，打开".t1 的 CSS 规则定义"对话框，在"字体"下拉列表中选择"宋体"，在"大小"下拉列表中选择"12"，在"粗细"下拉列表中选择"粗体"，设置颜色为"#955F0D"，如图 6-38 所示。

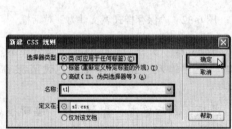

图 6-37 创建类样式　　　　　　　　　图 6-38 设置"类型"属性

步骤 10▶ 单击"确定"按钮，生成"类"样式。选择要应用样式的文本，单击"属性"面板上的"样式"下拉列表，从中选择"t1"，对文本应用"类"样式，如图 6-39 所示。

图 6-39 应用"类"样式

步骤 11▶ 再次打开"新建 CSS 规则"对话框，在"选择器类型"区选择"高级"，在"选择器"下拉列表中选择"a:link"，在"定义在"列表区选择"s1.css"，如图 6-40 所示。

步骤 12▶ 单击"确定"按钮，打开"a:link 的 CSS 规则定义"对话框，在"修饰"区选择"无"复选框，设置颜色为"#996600"（土黄色），如图 6-41 所示。

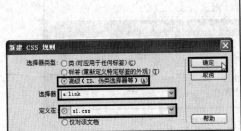

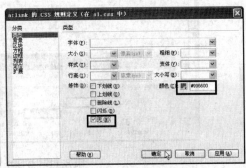

图 6-40 创建链接样式   图 6-41 设置"a:link"样式

步骤 13▶ 采用同样的方法，设置"a:visited"和"a:hover"样式，如图 6-42 所示

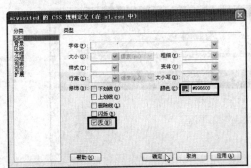

图 6-42 设置"a:visited"和"a:hover"样式

步骤 14▶ 单击"确定"按钮，可以看到网页中的链接文本自动套用了链接样式，如图 6-43 所示。

图 6-43 链接样式效果

步骤 15▶ 最后为网页底部的文本设置样式。选中文本，然后在"属性"面板上设置其颜色为白色，则自动生成内置样式"STYLE1"，如图 6-44 所示。

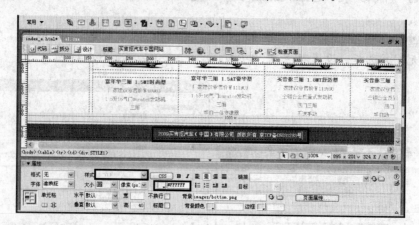

图 6-44　自动生成"类"样式

步骤 16▶ 保存样式文件，并另存网页文档为"index_f.html"。按【F12】键预览网页，可看到定义样式后的文档效果，如图 6-45 所示。

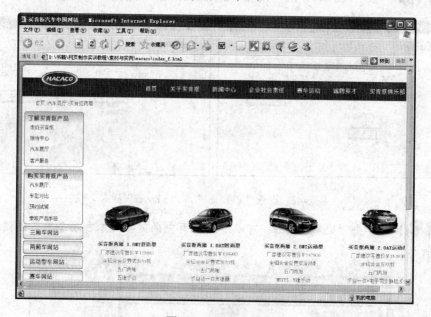

图 6-45　预览文档

6.3　样式表的高级应用

前面介绍的都是样式表的基本应用，是每个网页中都不可缺少的样式形式。下面介绍网页中不常用到，但又非常重要的样式。

实训 1 在同一个网页中设置两种链接样式

有时候可能会遇到这种情况，你制作了一个网页，其中有很多链接文本，你想用不同的链接样式来区分这些链接文本，也就是设置两个不同样式的链接。

【实训目的】

● 掌握在同一个网页中设置两种链接样式的方法。

【操作步骤】

步骤 1▶ 打开本书附赠的 "\素材与实例\LZG" 站点中的 "index_a.html" 文档。单击 "CSS 样式" 面板下方的 "新建 CSS 规则" 按钮，打开 "新建 CSS 规则" 对话框。

步骤 2▶ 在 "选择器类型" 区选择 "高级" 单选钮，在 "选择器" 下拉列表中选择 "a:link"，并在其前输入 ".w"，在 "定义在" 区选择 "仅对该文档" 单选钮，然后单击 "确定" 按钮，如图 6-46 所示。

图 6-46 创建链接样式

步骤 3▶ 打开 ".wa:link 的 CSS 规则定义" 对话框，在 "修饰" 区选择 "无" 复选框，设置 "颜色" 为 "#FF0000"（红色），然后单击 "确定" 按钮，如图 6-47 所示。

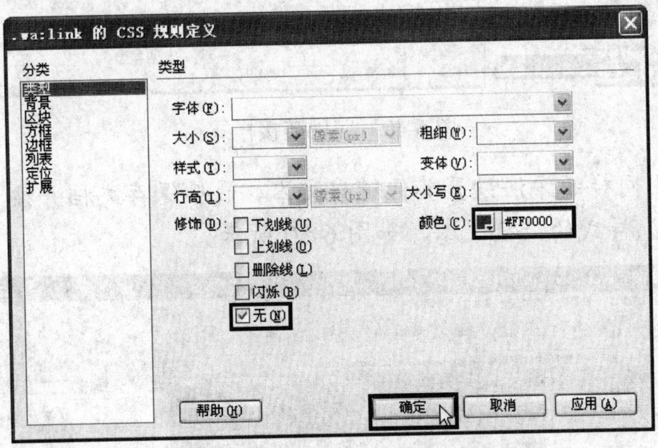

图 6-47 设置 ".wa:link" 样式

提示

此处不设置字体和大小，默认采用第一种链接中设置的效果。如果要应用和第一种链接不同的字体效果，就需要在此设置。

步骤 4▶ 按照同样的方法，打开并设置 ".wa:visited 的 CSS 规则定义" 和 ".wa:hover

的 CSS 规则定义" 对话框，如图 6-48 所示。

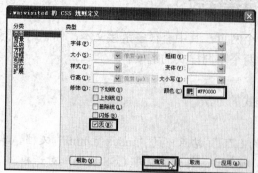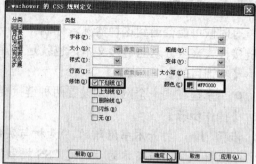

图 6-48　设置 ".wa:visited" 和 ".wa:hover" 样式

步骤 5▶　选中要应用 "wa" 样式的链接文本，在 "属性" 面板上 "样式" 下拉列表中选择 "wa"，对链接文本应用样式，如图 6-49 所示。

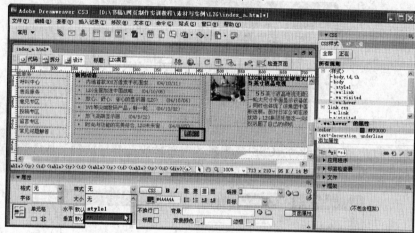

图 6-49　应用链接样式

步骤 6▶　采用同样的方法设置其他链接文本，最后保存文档并按【F12】键预览，可以看到应用了 "wa" 样式的链接文本，如图 6-50 所示。

图 6-50　预览文档

这就相当于创建了一个特殊的类样式，可采用此类方式创建更多种类的链接样式。

实训 2　定义特殊边线的表格

【实训目的】

● 掌握特殊边线表格的定义方法。

【操作步骤】

步骤 1▶　使用 CSS 样式可以定义任意边线的表格。打开本书附赠的"\素材与实例\lily"站点中的"pro_b.html"文档。

步骤 2▶　单击"CSS 样式"面板下方的"新建 CSS 规则"按钮🛅，打开"新建 CSS 规则"对话框。在"选择器类型"区选择"类（可应用于任何标签）"，在"名称"编辑框中输入类名（此处为"tb"），在"定义在"区域选择"仅对该文档"，然后单击"确定"按钮，如图 6-51 所示。

步骤 3▶　打开".tb 的 CSS 规则定义"对话框，在"分类"列表区选择"边框"。取消选择"样式"列表区的"全部相同"复选框，在"下"下拉列表中选择"虚线"；取消选择"宽度"列表区的"全部相同"复选框，在"下"编辑框中输入"1"，则后面的单位自动变为"像素"；取消选择"颜色"列表区的"全部相同"复选框，设置"下"边框颜色值为"#85408C"，如图 6-52 所示。

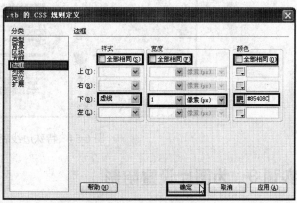

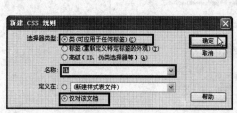

图 6-51　创建"类"样式　　　　　图 6-52　设置"边框"样式

步骤 4▶　单击"确定"按钮，样式面板中出现名为".tb"的样式。在文档编辑窗口中单击要应用样式的表格，在"属性"面板上"类"下拉列表中选择刚定义的样式"tb"，如图 6-53 所示。

图 6-53　应用样式

步骤 5▶ 采用同样的方法对其他表格应用样式。最后保存文档，并按【F12】键预览，效果如图 6-54 所示。

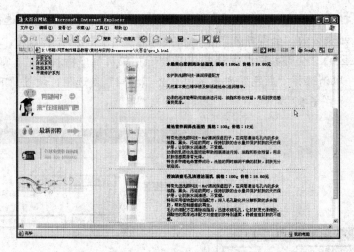

图 6-54　特殊边线表格效果

实训 3　为图片设置阴影

很多人都知道 Photoshop 拥有强大的滤镜功能，但很少有人知道 Dreamweaver 中的 CSS 滤镜。应用 CSS 滤镜可设置渐变、透明、阴影等效果。本节使用 CSS 滤镜中的"Shadow"属性来给图像添加阴影。

【实训目的】

● 掌握为图片设置阴影效果的方法。

【操作步骤】

步骤 1▶ 仍然在"pro_b.html"文档中操作。打开"新建 CSS 规则"对话框，在"选择器类型"区选择"类"，在名称编辑框中输入"image"，在"定义在"区选择"仅对该文档"，然后单击"确定"按钮，如图 6-55 所示。

步骤2▶ 打开".image 的 CSS 规则定义"对话框，在左侧的"分类"列表中选择"扩展"，并在"过滤器"下拉列表中选择"Shadow(Color=?, Direction=?)"，如图 6-56 所示。

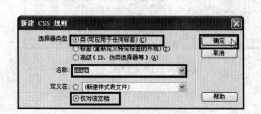

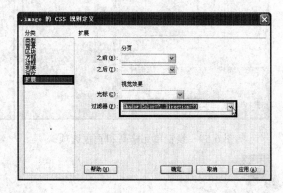

图 6-55　创建"类"样式　　　　　　图 6-56　设置"扩展"样式

步骤3▶ 设置"Color=bbbbbb"，表示阴影的颜色为浅灰色；"Direction=135"，表示阴影倾斜的角度为 135°，最后单击"确定"按钮，如图 6-57 所示。

步骤4▶ 在"CSS 样式"面板中可看到生成名为"image"的样式。单击要应用该样式的图片，状态栏中显示标签的层次结构，单击"image"前面的"td"标签，选中图片所在单元格，并在"样式"下拉列表中选择"image"，如图 6-58 所示。

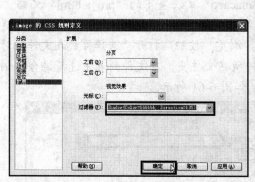

图 6-57　设置阴影颜色和倾斜角度　　　　图 6-58　应用样式

步骤5▶ 在"属性"面板"高"编辑框中输入"155"，"垂直"下拉列表中选择"顶端"，如图 6-59 所示。

步骤6▶ 采用同样的方法对其他图片应用"image"样式，并设置"高"和"垂直"选项，最后保存文档并预览，可看到在应用了样式的图片右下方出现阴影，如图 6-60 所示。

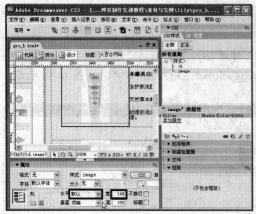

图 6-59　设置单元格高和垂直选项　　　　　　　图 6-60　预览效果

重新设置单元格的"高"和"垂直"选项，是为使图片下方的阴影完全显示出来。

实训 4　链接外部样式

下面通过为"macaco"站点中的"pro"网页设置样式，来学习链接外部样式的方法。

【实训目的】

● 掌握为网页链接外部样式的方法。

【操作步骤】

步骤 1▶　打开本书附赠的"\素材与实例\macaco"文件夹下的"pro_a.html"文档。

步骤 2▶　单击"CSS 样式"面板下方的"附加样式表"按钮，打开"链接外部样式表"对话框。单击"文件/URL"编辑框后的"浏览"按钮，打开"选择样式表文件"对话框。在"查找范围"下拉列表中选择样式文件所在文件夹，在文件列表中选择综合实训1 中定义的样式文件，然后单击"确定"按钮，如图 6-61 所示。

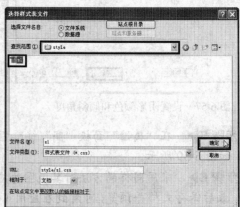

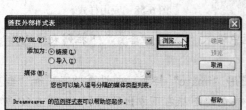

图 6-61　选择链接样式

步骤 3▶ 回到"链接外部样式表"对话框，单击"确定"按钮，便创建了网页文档与样式文件之间的链接。网页中的文本自动套用了样式文件中的"标签"和"高级"样式，如图 6-62 所示。

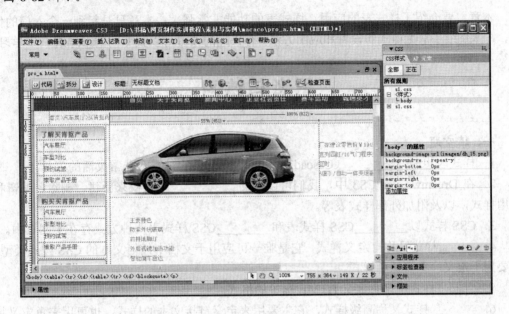

图 6-62　样式效果

步骤 4▶ 拖动鼠标选中想要应用类样式的文本"主要特色"，然后在"属性"面板上"样式"下拉列表中选择"t1"，如图 6-63 所示。

步骤 5▶ 可参照同样的方法为其他文本设置样式。如有必要，可单独为文档中的文本设置样式。

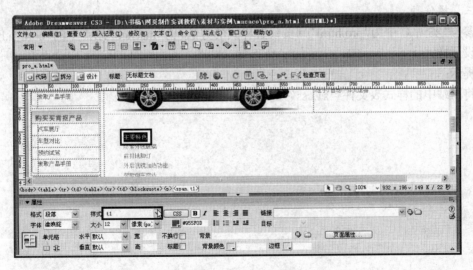

图 6-63　应用"类"样式

课后总结

本章主要介绍了样式表的应用。样式表的功能非常强大，本章只是起到一个入门的作用，具体介绍了常见样式的设置和应用方法，有兴趣的读者可以找专门的书籍进一步学习。

思考与练习

一、填空题

1. 样式表也叫＿＿＿＿＿＿（Cascading Style Sheet），它是一个非常灵活的工具。

2. 在 Dreamweaver CS3 中，我们可以借助＿＿＿＿＿＿面板来新建、删除、编辑和应用样式，以及附加外部样式表等。

3. CSS 样式以＿＿＿＿CSS 样式表和＿＿＿＿CSS 样式表两种方式存在于网页中。

4. ＿＿＿＿样式又称自定义样式，它是唯一可应用于文档中任何文本的 CSS 样式类型，主要用于定义一些特殊的样式。

5. ＿＿＿＿样式用来重定义 HTML 标签的格式。

6. ＿＿＿＿样式又称高级样式，它主要用来定义链接文本的样式，也可用来重定义特定标签组合的格式。

二、问答题

CSS 样式分为哪几类？分别叙述其特点。

三、操作题

参照"实训 4"中为"pro.html"网页设置样式的方法，为"macaco"站点中的"com_a.html"网页设置样式。

提示：

将网站中的样式表文件"s1.css"链接到网页文档。

第7章　应用动画和多媒体元素

【本章导读】

通过前面的学习，相信大家已经能够制作出简单的网页；不过细心的读者可能已经发现，前面所讲的网页中只有一些静态的图片和文字，显得过于单调。本章主要介绍如何为网页添加动画和多媒体元素，以让我们的网页更加丰富多彩。

【本章内容提要】

- ☑　应用 Flash 动画
- ☑　应用音乐和视频

7.1　应用 Flash 动画

Flash 动画是目前最为流行的矢量动画，它具有文件尺寸小、变化丰富的优点，因而很多网页中都用到了它。

实训 1　插入 Flash 动画

【实训目的】
- ●　掌握在网页文档中插入 Flash 动画的方法。

【操作步骤】

步骤 **1**▶　与插入图像的方法类似，在网页中插入 Flash 动画的方法也非常简单。确定插入点后，单击"常用"插入栏中的"媒体：Flash"按钮，如图 7-1 左图所示。

步骤 2▶　在弹出的"选择文件"对话框中"查找范围"下拉列表中选择动画所在文件夹，在文件列表中选择一个扩展名为".swf"的 Flash 动画，如图 7-1 右图所示。

图 7-1　选择 Flash 动画

步骤 3▶　单击"确定"按钮，弹出"对象标签辅助功能属性"对话框，再次单击"确定"按钮，Flash 动画就被插入到了网页中，如图 7-2 所示。

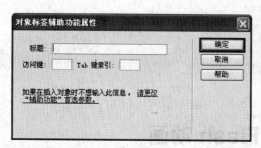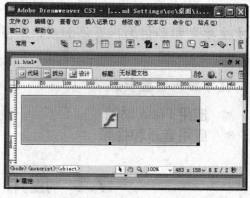

图 7-2　插入 Flash 动画

　　可以在"对像标签辅助功能属性"对话框中单击"请更改'辅助功能'首选参数"选项，打开"首选参数"对话框，然后取消选择"辅助功能"类别中的"媒体"复选框，以便下次插入动画时不再显示"对象标签辅助功能属性"对话框。

　　默认情况下，在设计视图中只能看到 Flash 动画的占位符（占位符的大小代表了 Flash 动画的实际大小）。如要观看播放效果，可在选中占位符后，单击"属性"面板中的"播放"按钮 ▶ 播放 。

步骤 4▶ 单击选中网页中的 Flash 动画后，就可以在"属性"面板中对该动画的各项属性进行修改，如图 7-3 所示。

其中，部分常用设置项的意义如下。

● 循环：选中该选项时 Flash 动画将连续播放。如果没有选中该选项，则 Flash 动画在播放一次后停止播放。

图 7-3　Flash 动画"属性"面板

● 自动播放：如果选中该选项，则在打开页面时自动播放 Flash 动画。

● 垂直边距和水平边距：指定 Flash 动画周围的空白像素值。

● "宽"和"高"：以像素为单位指定 Flash 动画的宽度和高度。

● 文件：指向 Flash 动画文件的路径。

● 重设大小：将 Flash 动画恢复到实际大小。

● 品质：设置 Flash 动画的播放品质。

● 比例：确定 Flash 动画如何适应在其"宽"和"高"编辑框中设置的尺寸。缺省为"默认（全部显示）"，表示显示整个 Flash 动画；"无边框"表示使影片适合设定的尺寸，维持原始的纵横比；"严格匹配"表示对影片进行缩放以适合设定的尺寸，而不管纵横比如何。

● 对齐：确定影片在页面上的对齐方式。

● 背景颜色：指定 Flash 动画区域的背景颜色。在不播放 Flash 动画时（在加载时和在播放后）也显示此颜色。

● 参数：单击按钮打开一个对话框，可在其中输入传递给 Flash 动画的附加参数。

实训 2　应用透明 Flash 动画

假如我们为网页、某个表格或某个单元格设置了一张很漂亮的背景图像，而当我们在单元格中又插入一个 Flash 动画的时候，由于 Flash 动画的背景颜色会遮盖掉背景图像，这样就看不到漂亮的背景图像了。那么如何使背景图像能够正常显示呢？答案就是设法将 Flash 动画的背景颜色改成透明。

【实训目的】

● 掌握透明 Flash 动画的设置方法。

【操作步骤】

步骤 1▶ 在 Dreamweaver 中打开本书附赠的"\素材与实例\shop"文件夹中的"index.html"文档。在网站标志所在单元格右边的单元格中插入"shop"文件夹下"images"文件夹中的动画文件"nihong.swf"，如图 7-4 所示。

图 7-4　插入动画文件

步骤2▶　保存文档并在 IE 浏览器中预览效果，可以发现 Flash 动画遮挡了表格的背景图像，如图 7-5 所示。

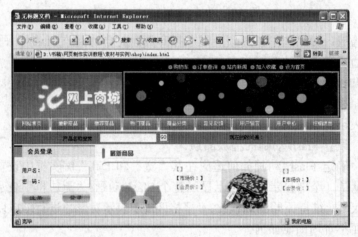

图 7-5　预览网页

步骤3▶　回到 Dreamweaver 操作界面。选中 Flash 动画，单击"属性"面板中的"参数"按钮，打开"参数"对话框。在"参数"列第一行单击，输入"wmode"，在对应的"值"列输入"transparent"，单击"确定"按钮，关闭"参数"对话框，如图 7-6 所示。

步骤4▶　再次保存文档，并在浏览器中预览，可以看到动画后面的背景图像出现了，如图 7-7 所示。

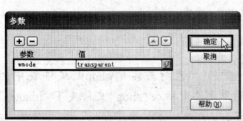

图 7-6　"参数"对话框　　　　　　　　图 7-7　预览透明动画效果

实训 3　插入 Flash 按钮

Flash 按钮包括两类，一类是用 Flash 软件制作的按钮；另一类是 Dreamweaver 中集成的 Flash 按钮。前者的插入方法与 Flash 动画类似，此处主要讲解后者的插入。

【实训目的】

● 了解在网页中插入 Flash 按钮的方法。

【操作步骤】

步骤 1▶　将插入点置于要插入 Flash 按钮的位置，选择 "插入记录" > "媒体" > "Flash 按钮" 菜单，打开 "插入 Flash 按钮" 对话框。

步骤 2▶　在 "样式" 列表框中选择一种样式，其效果将显示在 "范例" 栏中，这里选择 "Slider"；在 "按钮文本" 编辑框中输入要在按钮上显示的文本内容，此处为 "company"；在 "字体" 下拉列表中选择一种字体，作为按钮文本的字体；在 "大小" 编辑框中设置按钮文本的大小；在 "链接" 编辑框中设置按钮的链接目标；在 "目标" 下拉列表中选择打开链接文档的方式，此处为 "_self"。设置好后，单击 "确定" 按钮，即可插入 Flash 按钮，如图 7-8 所示。

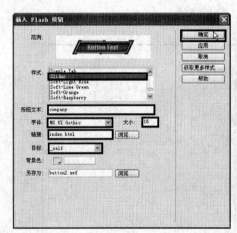

图 7-8　插入 Flash 按钮

> 在插入 Flash 按钮时，保存按钮的路径和文件名中不能含有中文字符。

实训 4　插入 Flash 文本

【实训目的】

● 了解在网页文档中插入 Flash 文本的方法。

【操作步骤】

步骤 1▶ Flash 文本是在 Dreamweaver 中创建的只包含文本的 Flash 动画，插入 Flash 文本的方法与插入 Flash 按钮类似，将插入点置于要插入 Flash 文本的位置，选择"插入记录" > "媒体" > "Flash 文本"菜单，打开"插入 Flash 文本"对话框。

步骤 2▶ 在"字体"下拉列表中选择一种字体，此处选择"华文新魏"；在"大小"编辑框中输入文本的大小，此处为"14"；单击下面的 **B** *I* 按钮可设置文本加粗、倾斜、左对齐、居中对齐或右对齐（参见图 7-9 左图）。

步骤 3▶ 单击"颜色选择器"按钮█，设置文本颜色为"#FF9900"；用同样的方法设置转滚颜色为"#CC0000"；在"文本"编辑框中输入文字；选中"显示字体"多选项，可看到前面设置的文本效果（参见图 7-9 左图）。

步骤 4▶ 单击"链接"编辑框后的 浏览 按钮，在打开的"选择文件"对话框中选择要链接的文件；在"目标"下拉列表中选择打开文件的方式；单击"背景色"后的"颜色选择器"按钮█，设置背景色为"#FFFFCC"；在"另存为"编辑框中输入文件保存的路径及文件名，或者单击后面的 浏览 按钮进行选择（参见图 7-9 左图）。

步骤 5▶ 单击"确定"按钮，插入 Flash 文本，如图 7-9 右图所示。

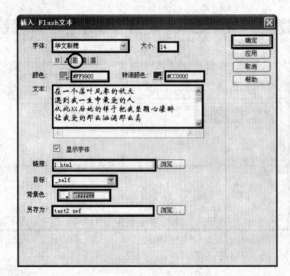 

图 7-9　插入 Flash 文本

提示

如果不需要为 Flash 文本设置链接，则无需设置"链接"和"目标"选项。

综合实训——在"macaco"网页中插入动画

下面通过在"macaco"网页中插入动画，来练习和巩固前面学过的知识。

步骤 1▶ 在 Dreamweaver 中打开本书附赠的"\素材与实例\macaco"文件夹下的

"index_f.html" 文档。将插入点置于导航条下方的空白单元格中，单击"常用"插入栏中的"媒体：Flash"按钮 ，打开"选择文件"对话框。

步骤 2▶ 在"查找范围"下拉列表中选择"macaco"文件夹下的"images"文件夹，在文件列表中选择要插入的动画文件"banner.swf"，单击"确定"按钮，插入动画，如图 7-10 所示。

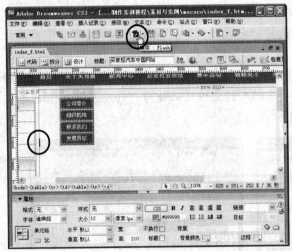

图 7-10　插入动画

步骤 3▶ 另存文档为"index_g.html"，然后按【F12】键预览，可以看到插入后的 Flash 动画，如图 7-11 所示。

图 7-11　预览网页

7.2　应用音乐和视频

音乐不仅能陶冶人的情操，也能给人美的享受，如果在自己的网页中加一段美妙的音乐或视频，那一定能给人不小的震撼。

实训 1 在网页中插入音频文件

【实训目的】

● 掌握在网页文档中插入音频文件的方法。

【操作步骤】

步骤 1▶ 打开本书附赠的 "\素材与实例\music" 文件夹中的 "wma.html" 文档。将插入点置于表格最下方的空白单元格中，选择 "插入记录" > "媒体" > "插件" 菜单，打开 "选择文件" 对话框。

步骤 2▶ 在 "查找范围" 下拉列表中选择文件所在位置（此处为 "\素材与实例\music\music" 文件夹），在文件列表中选择要插入的文件（此处为 "ybzdgd.wma"），单击 "确定" 按钮，插入音频文件，如图 7-12 所示。

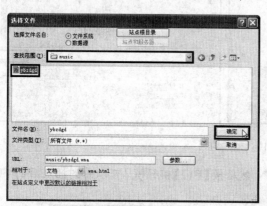 

图 7-12 插入音频文件

步骤 3▶ 选中插入的音频文件，在 "属性" 面板中将宽和高分别改为 280 和 45，接着将对齐方式改为 "居中"，如图 7-13 所示。

步骤 4▶ 保存文档并在 IE 浏览器中预览。在美妙的音乐传来的同时，可以看到白色单元格中出现了 Windows Media Player 播放器的控制面板，如图 7-14 所示。

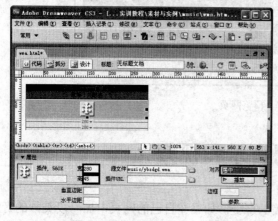 

图 7-13 修改插件属性　　　　　　　　图 7-14 预览文档

如果对插件的大小要求不是很严格，可以直接拖动其右侧或下方的变形点来改变其大小。

实训 2　为网页设置背景音乐

【实训目的】
● 掌握为网页设置背景音乐的方法。

【操作步骤】

步骤 1▶　打开本书附赠的"\素材与实例\lily"站点中的"index.html"文档。单击选中网页右下角的图片，在"属性"面板上可看到其"宽"和"高"分别为"150"和"162"，将该值记录下来，如图 7-15 所示。

步骤 2▶　按【Delete】键删除图片。在删除图片后的单元格中单击，然后在"属性"面板上"宽"和"高"编辑框中分别输入"150"和"162"，设置单元格与图片等大，如图 7-16 所示。

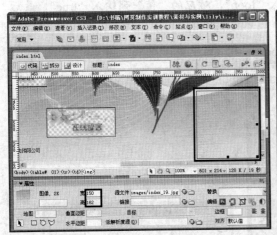 

图 7-15　查看图片宽和高　　　　　　　　图 7-16　设置单元格宽和高

步骤 3▶　单击"属性"面板上"背景"编辑框后的"单元格背景 URL"按钮，设置单元格背景为前面删除的图片"index_19.jpg"，如图 7-17 所示。

可以在刚开始选中图片时按【Ctrl+C】组合键，将"源文件"编辑框中的内容拷贝到剪贴板，然后将插入点置于单元格中，将剪贴板中的内容粘贴到"背景"编辑框中。

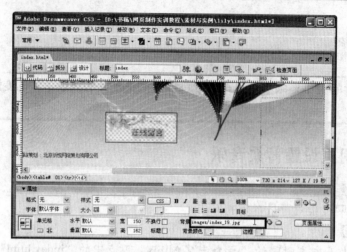

图 7-17　设置单元格背景

步骤 4▶ 参照 7.2 节实训 1 中插入音频文件的方法，在该单元格中插入站点根目录 "images" 文件夹中的音频文件 "dream.wma"，如图 7-18 所示。

步骤 5▶ 选中插入的音频文件，单击 "属性" 面板上的 "参数" 按钮 `参数...`，打开 "参数" 对话框。在 "参数" 列输入 "hidden"，在对应的 "值" 列输入 "true"；单击上方的 ⊞ 符号添加参数，在新添加的参数列输入 "loop"，对应的 "值" 列输入 "true"，最后单击 "确定" 按钮，如图 7-19 所示。

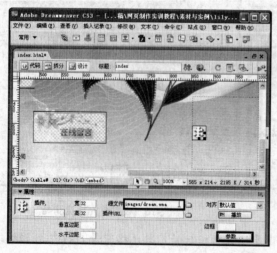

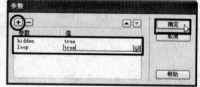

图 7-18　插入音频文件　　　　　　　图 7-19　设置音频文件参数

提示

　　设置 "hidden" 值为 "true"，可以隐藏 Media Player 播放器；设置 "loop" 值为 "true"，表示循环播放背景音乐。

步骤 6▶ 保存文档并按【F12】键预览，Media Player 播放器被隐藏，并且可以听到美妙的背景音乐，如图 7-20 所示。

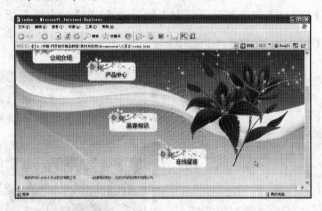

图 7-20 预览网页

实训 3 在网页中插入视频文件

【实训目的】

● 掌握在网页文档中插入视频文件的方法。

【操作步骤】

步骤 1▶ 除音频文件外，在 Dreamweaver 中还可以非常容易地插入视频文件、Shockwave 影片和 Applet 等其他媒体元素。打开本书附赠的"\素材与实例\video"站点中的"cat_a.html"文档。

步骤 2▶ 在影片介绍左侧的空白单元格中单击，然后选择"插入记录" > "媒体" > "插件"菜单，打开"选择文件"对话框。

步骤 3▶ 选择要插入的视频文件（此处为本书附赠素材"\素材与实例\video\images"文件夹中的"cat.mpeg"），单击"确定"按钮即可插入视频，如图 7-21 所示。

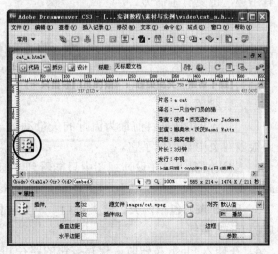

图 7-21 插入视频文件

步骤 4▶ 选中视频文件，在"属性"面板上"宽"和"高"编辑框中分别输入 320 和 240，重新设置视频文件大小，如图 7-22 所示。

步骤 5▶ 按【Ctrl+S】组合键保存文档，然后按【F12】键预览网页，如图 7-23 所示。

图 7-22　重新设置视频文件大小

图 7-23　预览网页

课后总结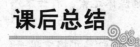

本章主要介绍了在网页中应用 Flash 动画、声音和视频等多媒体文件的方法。希望大家能够了解并掌握使用这些元素的方法和技巧。只有灵活运用这些元素，才能使你的网页富有生趣，也更有生命力。

思考与练习

一、填空题

1. _____动画是目前最为流行的矢量动画，它具有文件尺寸小、变化丰富的优点，因而很多网页中都用到了它。

2. 默认情况下，在设计视图中只能看到 Flash 动画的_____，它的大小代表了 Flash 动画的实际大小。

3. Flash 按钮包括两类，一类是用_____软件制作的按钮；另一类是 Dreamweaver 中集成的 Flash 按钮。

4. 在插入 Flash 按钮时，保存按钮的路径和文件名中不能含有_____字符。

5. 除音频文件外，在 Dreamweaver 中还可以非常容易地插入_____文件、Shockwave 影片和 Applet 等其他媒体元素。

二、问答题

1. 在网页中可以插入哪些格式的音频文件？
2. 如何隐藏插入的音频文件？

三、操作题

任意制作一个网页，在其中插入 Flash 动画，以及音频和视频文件。

第8章　应用模板和库

【本章导读】

在制作大型网站时，同一栏目中的很多网页都会使用相同的布局方式和页面元素。如果一页一页地去做，会浪费很多不必要的时间。为避免乏味而又繁琐的重复操作，可以使用 Dreamweaver 提供的"模板"和"库"功能，将相同结构的网页制作成模板，相同的页面元素（如导航栏、注册信息等）制作成库项目。

【本章内容提要】

☞　应用模板
☞　应用库项目

8.1　应用模板

Dreamweaver 中的模板是一种特殊类型的文档，用于设计"固定"的页面布局。用户可基于模板创建文档，从而使创建的文档继承模板的页面布局。基于模板创建的文档与模板保持链接关系（除非以后分离该文档），可以通过修改模板立即更新所有基于该模板的文档。

实训1　创建模板文档

创建模板文档的方法有两种。一种是新建空白模板文档，然后编辑内容；还有一种是将普通网页保存为模板。本节主要讲解如何将普通网页保存为模板。

【实训目的】

● 掌握使用 Dreamweaver 创建模板文档的方法。

【操作步骤】

步骤 1▶　在 Dreamweaver 中打开希望作为模板的网页。选择"文件">"另存为模板"
菜单，打开图 8-1 左图所示的"另存模板"对话框，在"站点"下拉列表中选择要保存到
的站点，在"另存为"编辑框中命名模板。

步骤 2▶　单击"保存"按钮，弹出提示框，询问是否更新链接，一般情况下都应单
击"是"按钮，如图 8-1 右图所示。

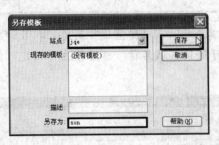

图 8-1　将现有网页另存为模板

　　默认情况下，Dreamweaver 将模板文档保存在站点根目录下的 Templates 文件夹中，
使用扩展名".dwt"。如果 Templates 文件夹在站点中尚不存在，Dreamweaver 将在保存
新建模板时自动创建该文件夹。由于模板的位置发生了变化（相对于原网页），所以模板
中的链接需要相应更新。

　　不要将模板文件移动到 Templates 文件夹之外，或将任何非模板文件放在 Templates
文件夹中，否则会导致将来无法使用模板等一系列问题。

步骤 3▶　接下来需要编辑模板，模板的编辑和普通网页的编辑基本一致，可根据需
要进行具体设计。

步骤 4▶　完成编辑后就要设置可编辑区域。选择想要设置为可编辑区域的内容，或
将插入点放在想要插入可编辑区域的位置，如图 8-2 所示。

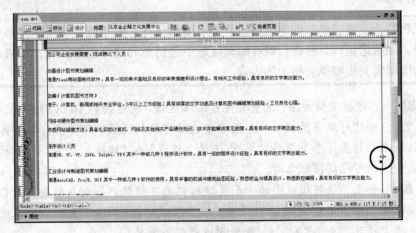

图 8-2　选择可编辑区域

　　模板文档一般分为可编辑区域和不可编辑区域。模板文档中设定为可编辑区域的部分可以在基于模板的文档中像一般构成要素一样进行修改；而设定为不可编辑区域的部分，则不能在基于模板的文档中进行修改。

　　步骤 5▶　选择"插入记录"＞"模板对象"＞"可编辑区域"菜单，打开"新建可编辑区域"对话框，在"名称"编辑框中输入可编辑区域名称，然后单击"确定"按钮创建可编辑区域，如图 8-3 所示。

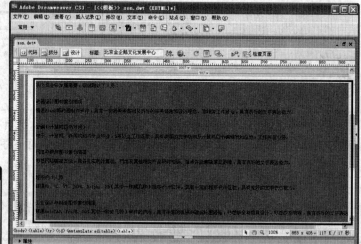

图 8-3　创建可编辑区域

　　可以将整个表格或单独的单元格设置为可编辑区域，但不能将多个单元格设置为可编辑区域。如果选定<td>标签，则可编辑区域中包括单元格周围的区域；如果未选定，则可编辑区域将只影响单元格中的内容。

　　步骤 6▶　可依据类似方法，设置其他可编辑区域，最后按【Ctrl+S】组合键保存文档。
　　步骤 7▶　创建可编辑区域后，如果希望选择可编辑区域，可单击可编辑区域左上角的可编辑区域名称标签（参见图 8-4）；或选择"修改"＞"模板"菜单，然后从该子菜单底部的列表中选择可编辑区域名称。
　　步骤 8▶　如果已经将模板中的一个区域标记为可编辑，而现在想要再次锁定它（使其在基于模板的文档中不可编辑），可使用"删除模板标记"命令。为此，可在选中可编辑区域后，选择"修改"＞"模板"＞"删除模板标记"菜单。

步骤 9▶　要重新命名可编辑区域，只需单击可编辑区域左上角的可编辑区域名称标签，然后在"属性"面板的"名称"编辑框中修改即可，如图 8-5 所示。

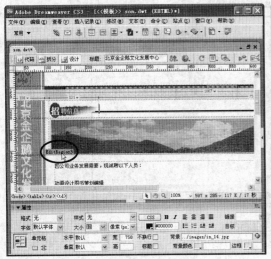
图 8-4　选择可编辑区域

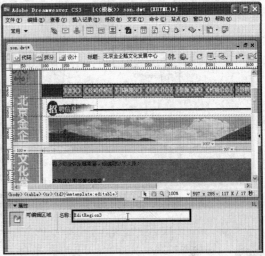
图 8-5　重命名可编辑区域

模板文档中除可定义可编辑区域外，还可通过选择"插入记录">"模板对象"菜单，定义其他几种类型的区域。

● 可选区域：如果在模板中指定了这类区域，则在基于模板的文档中可显示或隐藏该区域。要为在文档中显示内容设置条件时，可使用可选区域。

● 重复区域：重复区域是可以根据需要在基于模板的页面中复制任意次数的模板部分。重复区域通常用于表格，但也可以为其他页面元素定义重复区域。

实训 2　基于模板创建文档

【实训目的】
● 掌握基于模板创建文档的方法。

【操作步骤】
步骤 1▶　创建模板后，就可以在该模板的基础上创建网页文档了。选择"文件">"新建"菜单，打开"新建文档"对话框。

步骤 2▶　在左侧的"文档类型"列表中选择"模板中的页"，在"站点"列表中选择模板所在站点，此处选择"jqe"，在"站点'jqe'的模板"列表中选择模板名称，此处选择"son"，然后单击"创建"按钮，如图 8-6 所示。

提　示

　　如果没有将模板文档保存在站点中的"Templates"文件夹中，那么就无法在这里选择模板。

步骤 3▶ 根据需要修改文档的可编辑区域或编辑文档，最后将文档保存即可。

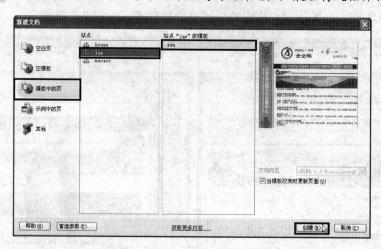

图 8-6　选择模板

若要编辑文档中的锁定区域，可首先选择"修改"＞"模板"＞"从模板中分离"菜单，将文档与模板断开（这样该文档就变成了普通网页），然后再进行编辑。

另外，除上面的方法外，也可在"资源"面板中右击模板，然后从弹出的快捷菜单中选择"从模板新建"选项，来创建基于模板的文档，如图 8-7 所示。

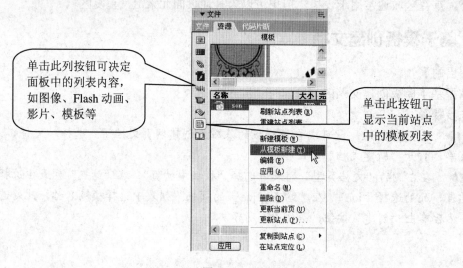

单击此列按钮可决定面板中的列表内容，如图像、Flash 动画、影片、模板等

单击此按钮可显示当前站点中的模板列表

图 8-7　"资源"面板

步骤 4▶　在基于模板创建文档后，如果又更改了模板，在保存时系统将打开图 8-8 所示的"更新模板文件"对话框，其中列出了基于该模板创建的文档列表。单击"更新"

按钮，将打开图 8-9 所示的"更新页面"对话框，其中显示了页面更新情况。更新结束后，单击"关闭"按钮即可。

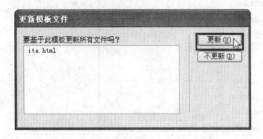

图 8-8　"更新模板文件"对话框　　　　　　　图 8-9　"更新页面"对话框

综合实训 1——为"macaco"网站创建并应用模板

下面通过在"macaco"网站中创建模板"p.dwt"，然后应用该模板创建文档"p1.html"。讲述模板在实际网站制作中的应用。模板效果如图 8-10 所示。

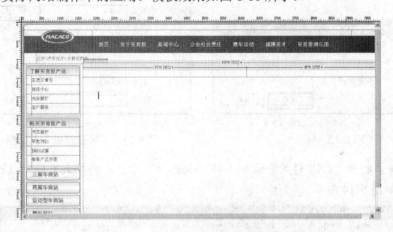

图 8-10　模板效果

步骤 1▶　首先在本地磁盘创建文件夹"macaco"，并将本书附赠的"素材与实例">"macaco"文件夹中的"images"和"style"文件夹拷贝到"macaco"文件夹中，然后在 Dreamweaver 中定义站点"macaco"。

步骤 2▶　选择"文件">"新建"菜单，打开"新建文档"对话框，在左侧的"文档类型"列表中选择"空模板"，在"模板类型"列表中选择"HTML 模板"，在"布局"列表中选择"无"，最后单击"创建"按钮，如图 8-11 所示。

步骤 3▶　按【Ctrl+S】组合键保存模板页，弹出提示框，提示"此模板不含有任何可编辑区域。你想继续吗？"，单击"确定"按钮即可，如图 8-12 所示。

步骤 4▶　弹出"另存模板"对话框，在"站点"下拉列表中选择"macaco"，在"描述"编辑框中输入描述性文字（此处为"产品展示"），在"另存为"编辑框中输入模板文件名，然后单击"保存"按钮，如图 8-13 所示。

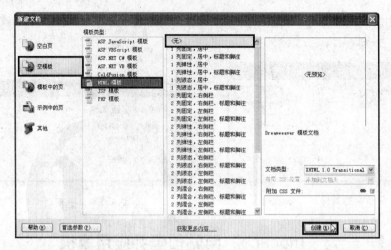

图 8-11 "新建文档"对话框

图 8-12 提示框   图 8-13 "另存模板"对话框

步骤 5▶ 打开 "CSS 样式" 面板，将 "macaco" 站点中的样式文件 "s1.css" 链接到模板文档，如图 8-14 所示。

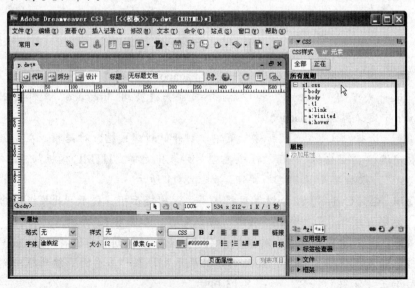

图 8-14 链接样式表

步骤 6▶　参照第 4 章中制作 "macaco" 主页的方法,制作该模板页,如图 8-15 所示。

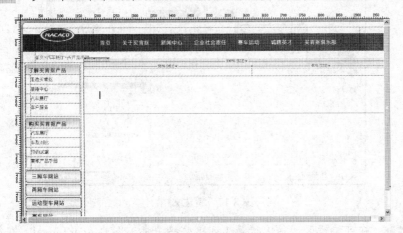

图 8-15　制作模板页

步骤 7▶　选中导航条下方 2 行 2 列的空白表格,选择 "插入记录" > "模板对象" > "可编辑区域" 菜单,打开 "新建可编辑区域" 对话框,在 "名称" 编辑框中输入可编辑区域名,单击 "确定" 按钮,便创建了可编辑区域,如图 8-16 所示。

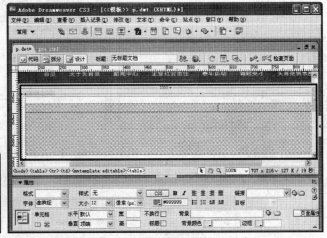

图 8-16　创建可编辑区域

步骤 8▶　按【Ctrl+S】组合键保存文档,模板便制作完成了。

步骤 9▶　接下来利用该模板创建文档。选择 "文件" > "新建" 菜单,打开 "新建文档" 对话框。在左侧的 "文档类型" 列表中选择 "模板中的页",在 "站点" 列表中选择 "macaco",在 "站点 'macaco' 的模板" 列表中选择前面创建的 "p",如图 8-17 所示。

步骤 10▶　单击 "创建" 按钮,便基于模板创建了文档。按【Ctrl+S】组合键保存文档,弹出 "另存为" 对话框,在 "保存在" 下拉列表中选择站点文件夹(此处为 "macaco" 站点),在 "文件名" 编辑框中输入文件名(此处为 "p1"),单击 "保存" 按钮保存文档,如图 8-18 所示。

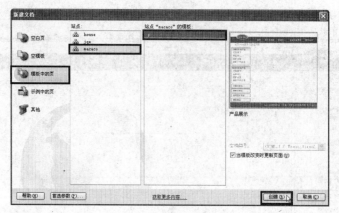

图 8-17　新建文档

步骤 11▶　在可编辑区域第 1 行第 1 列单元格中插入图片 "car2.jpeg"，在第 1 行第 2 列和第 2 行的单元格中分别输入文本并设置样式，如图 8-19 所示。

图 8-18　保存文档

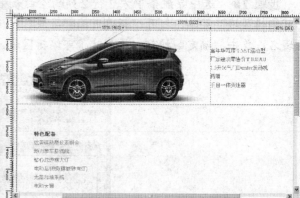

图 8-19　编辑文档

步骤 12▶　保存文档，并按【F12】键预览，效果如图 8-20 所示。

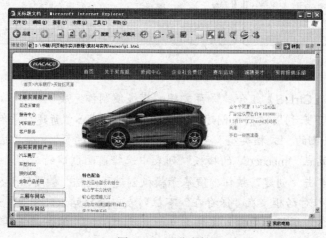

图 8-20　预览文档

8.2 使用库项目

库项目是一种特殊类型的 Dreamweaver 文件，我们可以将当前网页中的任意页面元素定义为库项目，如图像、表格、文本、声音和 Flash 影片等。当需要使用某库项目时，直接从"资源"面板中将其拖到网页中的适当位置就可以了。

创建库项目的好处是可以在多个页面中重复使用它们，每当更改某个库项目的内容时，所有使用了该项目的页面都将同时更新。例如，假定你正在为某公司建立一个大型站点，公司想让其广告语出现在站点的每个页面上，但是还没有最后确定广告语。如果创建一个包含该广告语的库项目并在每个页面上使用，那么当公司提供该广告语的最终版本时，你可以更改该库项目并自动更新每一个使用它的页面。

说到这里，大家可能会问，由于网页中只是保存了指向图像、动画等文件的路径，因此，以后通过置换图像来更新网页不也一样吗？

其实是不一样的，例如，如果我们将一幅广告图像创建为了库项目，则图像及其尺寸、链接、目标等属性均被包含在了库项目中。以后修改广告时，只要修改一次库项目及其属性，就可以自动更新全部使用该库项目的网页。但是，如果不将广告图像创建为库项目的话，尽管我们可以通过置换图像来更新网页，但是还必须分别在各网页为其设置链接等属性。

实训 1 定义库项目

【实训目的】

● 掌握定义库项目的方法。

【操作步骤】

步骤 1▶ 要定义库项目，首先在文档编辑窗口中选中需要保存为库项目的对象，然后选择"修改">"库">"增加对象到库"菜单，弹出提示框，如图 8-21 所示。

步骤 2▶ 单击"确定"按钮，打开"资源"面板，刚选中的对象出现在"资源"面板中，且其名称处于可编辑状态，如图 8-22 所示。将默认名删除，重新输入新名称并按【Enter】键确认。

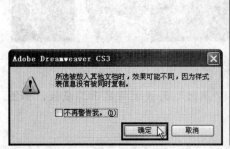

图 8-21 提示框

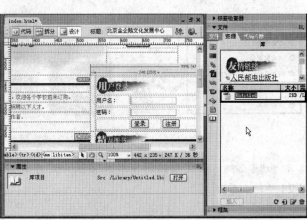

图 8-22 创建库项目

将所选对象设置成库项目后，所选对象本身也将成为库文件。

无法在网页中对库项目进行任何编辑，包括调整其尺寸、设置链接等。

此外，也可在"资源"面板中单击"库"按钮 □，然后将希望保存为库项目的对象拖入"资源"面板来创建库项目。

每个库项目都被单独保存在一个文件中，文件的扩展名为".lbi"。通常情况下，库项目被放置在站点文件夹的"Library"文件夹中，同模板文件一样，库项目的位置也是不能随便移动的。

实训 2 应用库项目

【实训目的】

● 掌握将库项目插入到网页文档中的方法。

【操作步骤】

步骤 1▶ 库项目的应用非常简单。在打开要应用库项目的文档和"资源"面板后，在"资源"面板的库窗格中将库项目拖入到文档的适当位置即可。

此外，也可以选中库中的项目，然后单击"资源"面板底部的"插入"按钮，将库项目插入到文档中。

步骤 2▶ 对于普通对象，我们在单击选中该对象后，对象四周通常会出现一组控制点。但是，如果单击库项目，该对象将变成半透明，而不是在四周出现控制点，如图 8-23 所示。我们可以据此判定该对象是否是库项目。

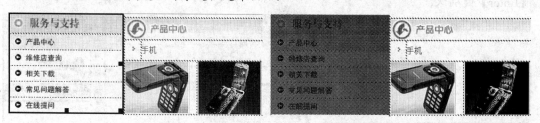

图 8-23 普通对象与库项目选中状态对比

步骤 3▶ 在文档编辑窗口单击选中库项目后，"属性"面板上将显示其属性，如图 8-24 所示。

图 8-24　库项目的"属性"面板

该"属性"面板中各设置项的意义如下。

● **Src：** 显示库项目源文件的名称和在站点中的存放位置。

● **打开：** 打开库项目源文件进行编辑。

● **从源文件中分离：** 断开所选库项目与其源文件之间的链接，使库项目成为普通对象。

● **重新创建：** 用当前选定内容改写原库项目，使用此选项可以在丢失或意外删除原始库项目时重新创建库项目。

实训 3　编辑库项目

【实训目的】

● 掌握编辑库项目的方法。

【操作步骤】

步骤 1▶ 要编辑库项目，可在"资源"面板中双击库项目，Dreamweaver 会在网页编辑窗口中打开该库项目，如图 8-25 所示。

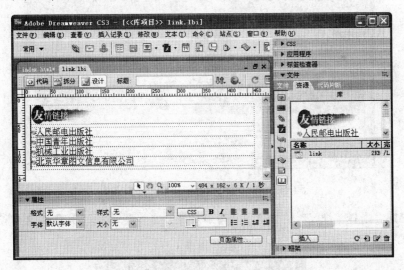

图 8-25　打开库项目

步骤 2▶ 我们可以在文档编辑窗口中对库项目进行编辑，利用"属性"面板设置其链接等属性。编辑库项目后对其保存时，系统会自动打开"更新库项目"对话框，如图 8-26 左图所示。

步骤 3▶ 通常情况下，应单击"更新"按钮，接下来系统将显示"更新页面"对话框，其中显示了更新情况，如图 8-26 右图所示。单击"关闭"按钮关闭对话框。

图 8-26　编辑库项目后更新页面

综合实训 2——创建并应用库项目

下面通过将"souyi"网站中的导航条创建为库项目，并在网页文档中应用该库项目，来讲述库项目在实际网站制作中的应用。

步骤 1▶ 在本地磁盘新建文件夹"souyi"，将本书附赠的"素材与实例" > "souyi"站点中的 s1.css、index.html 文件和"images"文件夹拷贝到文件夹中。

步骤 2▶ 在 Dreamweaver 中定义站点"souyi"，打开"souyi"站点中的"index.html"网页。单击最上方的嵌套表格边线，将其选中，然后单击"标签选择器"中 <body> 右侧的 <table> 标签，选中最上方的大表格，如图 8-27 所示。

图 8-27　使用标签选择器选择表格

步骤 3▶ 选择"修改" > "库" > "增加对象到库"菜单，打开图 8-28 所示的提示框，单击"确定"按钮。

图 8-28　提示框

步骤 4▶ 所选表格变为半透明，系统自动打开"资源"面板，并且刚定义的库项目出现在项目列表中，其名称处于可编辑状态，如图 8-29 所示。

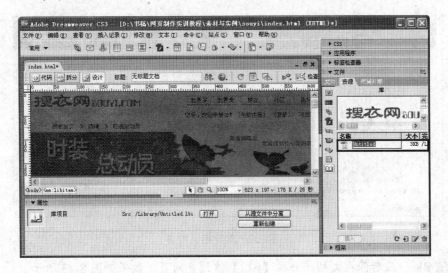

图 8-29　创建库项目

　　创建库项目时，一定要确保"文件"面板中显示的是目标站点（此处为"souyi"站点），否则创建的库项目将保存在其他站点中。

步骤 5▶　重命名库项目为"top"，然后按【Enter】键确认，弹出图 8-30 所示的"更新文件"提示框，单击"更新"按钮。

步骤 6▶　创建库项目后，就可以在网页中应用了。在"souyi"站点中新建网页"x1.html"，将已定义好的样式文件"s1.css"链接到网页中。

步骤 7▶　打开"资源"面板，单击左侧的"库"按钮，显示库项目列表。单击其中的"top"库项目并向外拖动到文档编辑窗口中，如图 8-31 所示。

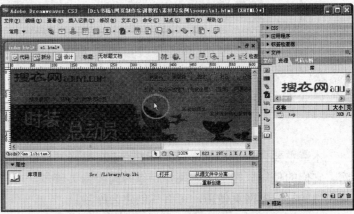

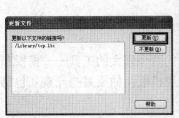

图 8-30　"更新文件"对话框

图 8-31　应用库项目

159

步骤 8▶ 采用制作普通网页的方法，制作网页下方的内容，如图 8-32 所示。

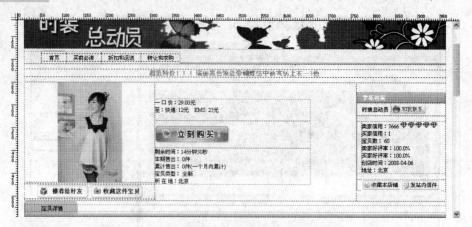

图 8-32　编辑网页内容

步骤 9▶ 最后保存文档，并按【F12】键预览网页，效果如图 8-33 所示。

图 8-33　预览网页

课后总结

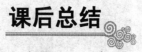

　　本章主要介绍了 Dreamweaver 中用于提高网站设计效率的两个强大的工具——模板和库。它们的使用原则是：如果要制作的同类网页较多，可应用模板；如果某些元素（包括其属性）被很多网页使用，可将其创建为库项目。

思考与练习

一、填空题

1. 基于模板创建的文档与模板保持链接关系（除非以后分离该文档），可以通过修改模板立即更新_____。

2. 模板文档一般分为可编辑区域和不可编辑区域。模板文档中设定为_____的部分可以在其他文档中像一般构成要素一样进行修改；而设定为_____的部分，则不能在其他文档中进行修改。

3. 默认情况下，Dreamweaver 将模板文档保存在站点根目录下的_____文件夹中，使用扩展名"_____"。

4. 如果已经将模板中的一个区域标记为可编辑，而现在想要再次锁定它（使其在基于模板的文档中不可编辑），可选择"_____" > "模板" > "_____"命令。

5. _____是一种特殊类型的 Dreamweaver 文件，我们可以将当前网页中的任意页面元素定义为库项目，如图像、表格、文本、声音和 Flash 影片等。

6. 每个库项目都被单独保存在一个文件中，文件的扩展名为_____。通常情况下，库项目被放置在站点文件夹的_____文件夹中。

7. 要编辑库项目，可在"资源"面板中_____库项目，Dreamweaver 会在网页编辑窗口中打开该库项目。

二、问答题

可以通过哪两种方法选择模板中的可编辑区域？

三、操作题

应用"综合实训 1"中创建的模板，创建网站中的其他网页。

第9章　应用表单和表单对象

【本章导读】

表单是 Internet 用户和服务器之间进行信息交流的重要工具。我们可以使用 Dreamweaver 创建带有文本域字段、密码域、单选按钮以及其他输入类型的表单，这些输入类型又被称为表单对象。

【本章内容提要】

- ☑ 应用表单
- ☑ 应用表单对象
- ☑ 验证表单数据

9.1　应用表单

表单多用于填写用户信息，例如，用户在网页中进行注册、登录、留言等操作时，都要通过表单向网站数据库提交或读取数据，如图 9-1 所示。

严格来说，一个完整的表单设计应该分为两部分，即表单对象部分和应用程序部分，它们分别由网页设计师和程序设计师来完成。一般首先由网页设计师制作出一个表单页面，就是我们在浏览网页时看到的页面，此时的表单只是一个空壳，并不具备工作的能力；还需要程序设计师来编写程序，实现表单与数据库之间的连接。本章所讲的表单，指的是表单对象部分，也就是表单在页面中的界面设计部分。

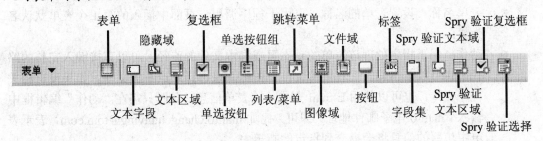

图 9-1　电子邮箱注册页面

实训 1　插入表单

【实训目的】
- 认识表单和表单对象。
- 掌握在网页中插入表单的方法。

【操作步骤】

步骤 1▶ 在 Dreamweaver 的"插入"栏中有一个"表单"类别，选择该类别，可插入的表单对象快捷按钮将显示在"插入"栏中，如图 9-2 所示。

```
表单          复选框          跳转菜单        标签      Spry 验证复选框
   隐藏域       单选按钮组       文件域    Spry 验证文本域

表单 ▼   [表单对象按钮栏图标]

      文本区域       列表/菜单     按钮            Spry 验证
   文本字段      单选按钮      图像域    字段集   文本区域
                                              Spry 验证选择
```

图 9-2　"表单"插入栏

步骤 2▶ 表单对象只有添加到表单中才能正常运行，所以在应用表单对象前需要先在页面中插入表单，要插入表单，首先将"常用"插入栏切换至"表单"插入栏，然后将插入点置于要插入表单的位置。

步骤 3▶ 单击"表单"插入栏中的"表单"按钮▦，或选择"插入记录">"表单">"表单"菜单，即可在插入点所在位置插入表单，如图 9-3 所示。

提示

文档编辑窗口中的表单以红色虚线框显示，浏览器中的表单是不可见的。

163

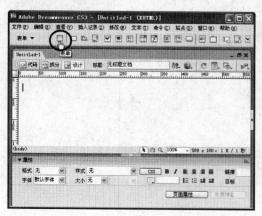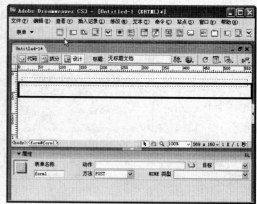

图 9-3　插入"表单"

步骤 4▶ 接下来设置表单的属性，将插入点置于表单区域中，"属性"面板中将显示表单属性，如图 9-4 所示。

图 9-4　表单"属性"面板

该面板中各设置项的意义如下。

● 表单名称：设置表单的名称，可用于程序调用。页面中插入的第 1 个表单默认名为"form1"。

● 动作：用于指定处理该表单的动态页或脚本文件的路径，可以直接键入完整的路径，也可以单击编辑框右侧的文件夹图标🗀来选择站点中的文件。如果没有相关程序支持，也可以使用 E-mail 方式传输表单信息，此时只需在"动作"编辑框中输入"mailto:电子邮件地址"即可，比如 mailto:changchunying@tom.com，表示表单中填写的信息将会提交到指定的邮箱中。

● 方法：选择传送表单数据的方式。"默认"表示采用默认的设置传送数据，一般的浏览器都以 GET 方式传送；GET 方式是将表单中的信息以追加到处理程序地址后面的方式进行传送；但是，这种方式不能发送信息量大的表单，其内容不能超过 8192 个字符。POST 方式是将表单数据嵌入到请求处理程序中，理论上，这种方式对表单的信息量没有限制，而且在数据保密方面也有好处。

● 目标：选择打开返回信息网页的方式。如果在"动作"属性中使用了 E-mail 方式，则"目标"为空即可。

● MIME 类型：指定提交给服务器的数据所使用的编码类型。

● 类：对表单应用定义好的 CSS 样式。

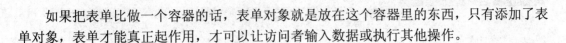

9.2 应用表单对象

如果把表单比做一个容器的话，表单对象就是放在这个容器里的东西，只有添加了表单对象，表单才能真正起作用，才可以让访问者输入数据或执行其他操作。

实训 1 应用文本字段

文本字段是最常见的表单对象之一，在文本字段中可输入任何类型的文本内容，像姓名、地址、E-mail 或稍长一些的个人介绍等字段。文本字段可以以单行或多行显示，也可以以密码方式显示。在以密码方式显示的情况下，输入的文本将被替换为星号或项目符号，以避免旁观者看到输入的内容。

【实训目的】

● 掌握应用文本字段的方法。

【操作步骤】

步骤 1▶ 在插入文本字段之前，应确保已经插入了一个表单，并且将插入点置于要插入文本字段的表单中。

步骤 2▶ 将"常用"插入栏切换至"表单"插入栏，单击其中的"文本字段"按钮，将打开"插入标签辅助功能属性"对话框，单击"确定"按钮，即可在表单域中添加文本字段，如图 9-5 所示。

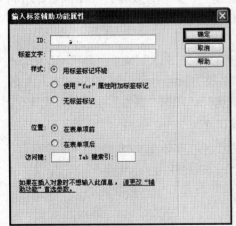
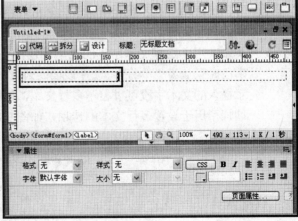

图 9-5 插入文本字段

 知识库.

如果在表单外插入文本字段或者在插入表单之前插入文本字段，则 Dreamweaver 会弹出如图 9-6 所示的提示框，提示插入表单。单击"是"按钮，Dreamweaver 会在插入文本字段的同时在它周围创建一个表单，这种情况在插入任何表单对象时都会出现。

步骤 3▶ 接下来设置文本字段的属性。用鼠标单击文本字段将其选中，此时"属性"面板中将显示其属性，如图 9-7 所示。

图 9-6 提示框   图 9-7 文本字段"属性"面板

文本字段"属性"面板中各设置项的意义如下。

● 文本域：指定文本字段的名称，每个文本字段都必须有一个唯一的名称。表单对象的名称不能包含空格或特殊字符，可以使用字母、数字或下划线的组合。文本字段名称最好便于记忆和理解，它将为后期的维护和管理提供方便。例如，"姓名"编辑框可以命名为"username"，"密码"编辑框可以命名为"password"。

● 字符宽度：用来设置文本字段中最多可显示的字符数。如果输入的字符数超过了可显示的字符数，虽然浏览者在文本域中看不到这些字符，但并不影响文本字段识别和处理字符。

● 最多字符数：设置文本字段中最多可输入的字符数。如果该编辑框为空，则浏览者可输入任意数量的文本。最好根据文本字段的内容设置合适的"最多字符数"，防止个别浏览者恶意输入大量数据，影响到系统的稳定性。

● 初始值：文本字段中初始显示的内容，主要是一些提示性文本，如用户名、密码等，可帮助浏览者顺利填写该编辑框内容。当浏览者输入内容时，初始值将被输入的内容代替。

● 类型：用于选择文本字段的类型。包括"单行"、"多行"和"密码"。插入文本字段时默认为"单行"，选择该项，则文本字段中只能显示一行文本；"多行"表示插入的文本字段可以显示多行文本，并且选择该项时"属性"面板将发生变化，增加了用于设置多行文本的选项，如图 9-8 所示。

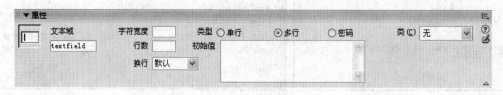

图 9-8 多行文本字段的"属性"面板

当设置文本字段类型为"多行"时，可以设置以下参数。

● 行数：设置多行文本字段的行数，可用于创建输入较多内容的栏目，如"留言"。

● 换行：指定当用户输入的内容较多，无法在定义的文本区域内显示时，如何显示这些内容。"换行"下拉列表中包含"默认"、"关"、"虚拟"和"实体"四个选项。选择"默认"时，当文本字段中的内容超过其右边界时，文本将向左侧滚动，此时需按【Enter】键换行；"关"选项与"默认"选项作用相同；选择"虚拟"选项或"实体"选项时，当浏览者输入的内容超过文本字段的右边界时，文本将自动换到下一行。二者的区别在于，选择前者时，提交的数据不包括换行符，选择后者时，提交的数据包括换行符。

实训 2　应用隐藏域

【实训目的】

● 掌握应用隐藏域的方法。

【操作步骤】

步骤 1▶　隐藏域用来存储非用户输入信息。例如，当用户登录某些页面时需输入用户名和密码。登录成功后，会在其他页面显示用户名，此时即可使用隐藏域来显示用户名，如图 9-9 所示。

步骤 2▶　要插入隐藏域，首先需要将插入点置于表单中，然后单击"表单"插入栏中的"隐藏域"按钮▨，插入到文档编辑窗口中的隐藏域显示为▨图标，如图 9-10 所示。

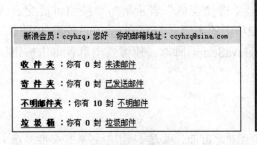

图 9-9　隐藏域的应用　　　　　　　　　　图 9-10　插入隐藏域

"隐藏域"属性面板中各设置项的意义如下。

● 隐藏区域：用于输入隐藏域的名称，默认为"hiddenField"。

● 值：用于输入要为隐藏域指定的值，该值将在提交表单时传递给服务器。

实训 3　应用按钮

【实训目的】

● 掌握应用按钮的方法。

【操作步骤】

步骤 1▶　对表单而言，按钮是不可缺少的元素，它能控制表单的内容，如"提交"或"重设"。单击"提交"按钮可将表单中的内容发送到服务器，单击"重设"按钮可清除表单中现有的内容。

步骤 2▶　要插入按钮，首先将插入点置于要插入按钮的表单中，然后单击"表单"

插入栏中的"按钮"图标 <img>，即可在表单域中插入按钮，默认值为"提交"，如图 9-11 所示。

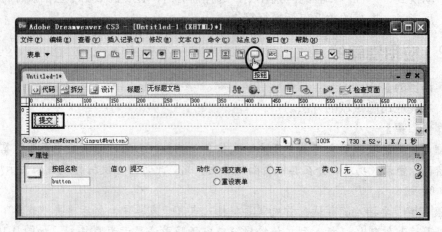

图 9-11　插入按钮

"按钮"属性面板中各设置项的含义如下。

- 按钮名称：设置按钮的名称，默认为"button"。
- 值：设置显示在按钮上的文本内容。
- 动作：用来确定单击按钮时发生的动作，"提交表单"表示单击该按钮可提交表单；"重设表单"表示单击按钮可清空表单中的内容；"无"表示需另外添加程序才能执行相应操作。例如，可添加一个 JavaScript 脚本，使得当浏览者单击按钮时打开一个新窗口。

综合实训 1——制作留言页面

本节通过制作一个包含表单、文本域和按钮的留言页面，来练习和巩固一下常见表单对象在网页制作中的应用。

步骤 1▶　在 Dreamweaver 中打开本书附赠的"\素材与实例\macaco"站点中的"add_a.asp"文档。

步骤 2▶　将插入点置于文档右侧广告条下方两个表格之间的空白处。将"常用"插入栏切换至"表单"插入栏，然后单击"表单"图标 <img>，在空白处插入一个表单，如图 9-12 所示。

步骤 3▶　将插入点置于刚插入的表单中，在其中插入一个 4 行 2 列，宽 100%，填充、间距和边框均为 0 的表格，如图 9-13 所示。

步骤 4▶　将插入点置于表格的第 1 行第 1 列单元格中，设置其宽为 65 像素，高为 28 像素，然后在其中输入文本"昵称:"，如图 9-14 所示。

步骤 5▶　按照同样的方法在下方的两个单元格中分别输入文本，并设置其高分别为 28 像素和 135 像素，最后使所有文本"居中对齐"，如图 9-15 所示。

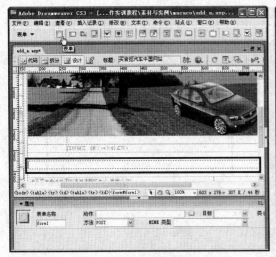

图 9-12　插入表单

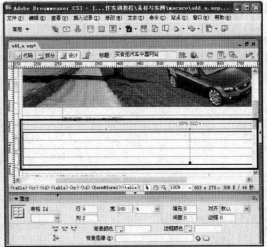

图 9-13　插入表格

图 9-14　设置单元格属性并输入文本

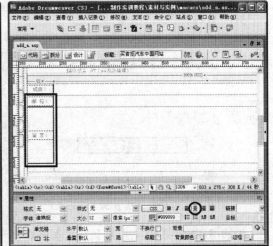

图 9-15　输入文本并设置对齐

步骤 6▶　将插入点置于第 1 行第 2 列单元格中，单击 "表单" 插入栏中的 "文本字段" 按钮，插入一个文本字段，并在 "属性" 面板上设置 "字符宽度" 为 "30"，"最多字符数" 为 "50"，如图 9-16 所示。

步骤 7▶　同样地，在第 2 行和第 3 行的第 2 列分别插入文本字段，并分别设置其属性，如图 9-17 所示。

步骤 8▶　将第 4 行第 2 列的单元格拆分为 3 列，在第 1 列插入一个 "提交" 按钮，并使其在单元格中 "居中对齐"，如图 9-18 所示。

步骤 9▶　在第 2 列插入一个按钮，在 "属性" 面板上设置其 "值" 为 "重填"，"动作" 为 "重设表单"，如图 9-19 所示。

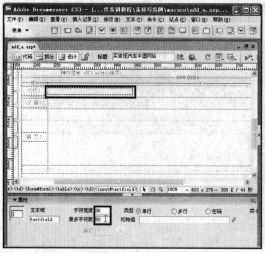

图 9-16　插入文本字段并设置属性　　　　图 9-17　插入其他文本字段并设置属性

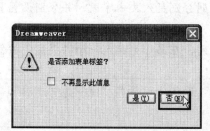

图 9-18　拆分单元格并插入按钮　　　　图 9-19　插入按钮并设置属性

步骤 10▶ 将插入点置于下方表格右侧的单元格中，单击"表单"插入栏中的"按钮"图标 □，弹出"是否添加表单标签"的提示框，单击"否"按钮，如图 9-20 左图所示。

步骤 11▶ 插入按钮后，在"属性"面板上设置其"值"为"返回留言列表"，"动作"为"无"。至此，该实例便制作完成了，如图 9-20 右图所示。

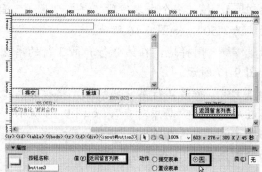

图 9-20　插入按钮并设置属性

由于该按钮所起的作用只是返回到"留言列表"页面,与表单中的内容并无直接关系,所以不用添加表单,只需为其添加一段能链接到"留言列表"页面的代码即可。

实训4 应用复选框

【实训目的】
● 掌握应用复选框的方法。

【操作步骤】

步骤 1▶ 复选框允许用户在一组选项中选择一个或多个选项,常用于制作调查类栏目,如图9-21所示。

步骤 2▶ 将插入点置于页面中要插入复选框的表单中,将"常用"插入栏切换至"表单"插入栏,然后单击"复选框"按钮☑,即可在表单域中添加复选框,如图9-22所示。

图 9-21 复选框

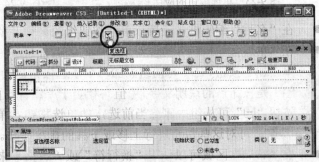

图 9-22 插入复选框

选中复选框后,"属性"面板中各选项意义如下。

● 复选框名称:可为复选框指定一个名称。一个实际的栏目中会拥有多个复选框,每个复选框都必须有一个唯一的名称,并且名称中不能包含空格和特殊字符。系统默认名称为"checkbox"。

● 选定值:设置在该复选框被选中时发送给服务器的值。为便于理解,一般把该值设置为与栏目内容意思相近。

● 初始状态:确定在浏览器中载入表单时,该复选框是否被选中。

实训5 应用单选按钮和单选按钮组

【实训目的】
● 掌握应用单选按钮和单选按钮组的方法。

【操作步骤】

步骤 1▶ 单选按钮允许用户在多个选项中选择一个，不能进行多项选择。图 9-23 为一个应用单选按钮的例子，添加单选按钮的方法与添加复选框相同，此处不再赘述。

步骤 2▶ 有时候需要一次添加多个单选按钮，此时可用单选按钮组来代替。单选按钮组相当于多个名称相同的单选按钮，除创建方法不同外，它们之间没有任何区别。

步骤 3▶ 将插入点置于要插入单选按钮组的表单中，然后单击"表单"插入栏中的"单选按钮组"按钮，弹出"单选按钮组"对话框，如图 9-24 所示。

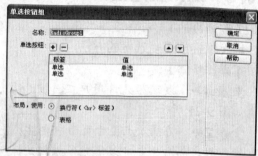

图 9-23 单选按钮的应用   图 9-24 "单选按钮组"对话框

● 在"名称"编辑框中设置该单选按钮组的名称，默认为"RadioGroup1"。

● 在"单选按钮"区域可以对列表中的单选按钮进行添加、移除和上下移动操作。单击加号按钮"+"可向组添加一个单选按钮，然后为新按钮输入标签和值，"标签"是按钮后的说明文字，"值"相当于"属性"面板中的"选定值"；单击减号按钮"-"可从组中删除当前选定的单选按钮；单击向上箭头"▲"或向下箭头"▼"，可对这些按钮进行上移或下移的排序操作。

● 在"布局"区域可以使用"换行符"或"表格"来设置组中单选按钮的布局。如果选择"表格"选项，则 Dreamweaver 会创建一个单列的表格，并将单选按钮放在左侧，标签放在右侧。

步骤 4▶ 在对话框中设置各项后，单击"确定"按钮，即可将单选按钮组添加到表单中。

实训 6　应用列表和菜单

【实训目的】

● 掌握应用列表和菜单的方法。

【操作步骤】

步骤 1▶ 除复选框和单选按钮外，在遇到需要制作选项时，还可以使用"列表/菜单"。在拥有较多选项，且网页空间又比较有限的情况下，"列表/菜单"将是最好的选择。

步骤 2▶ 首先将插入点置于页面中需要插入"列表/菜单"的表单中，然后单击"表单"插入栏中的"列表/菜单"按钮，即可在表单域中添加"列表/菜单"，如图 9-25 所示。

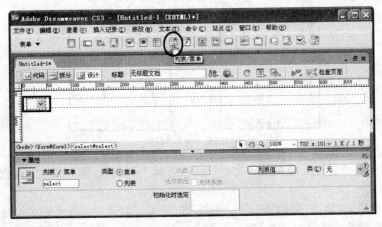

图 9-25 插入列表/菜单

单击选中列表/菜单后，"属性"面板中将显示其属性，该面板中各设置项的意义如下。

● 在"列表/菜单"编辑框中可为"列表/菜单"指定一个名称，并且该名称必须是唯一的，默认为"select"。

● 在"类型"列表区可以选择"菜单"或"列表"类型，该表单对象的名称"列表/菜单"即来源于此。"菜单"是浏览者单击时产生展开效果的下拉式菜单；而"列表"则显示为一个可滚动列表，浏览者可以从该列表中选择项目。"列表"也是一种菜单，通常被称为"列表菜单"。

● 单击"列表值"按钮，将会弹出"列表值"对话框，如图 9-26 所示。

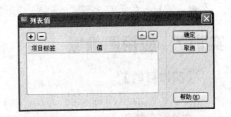

单击加号按钮"➕"可向列表中添加一个项目，并在"项目标签"列输入该项目的名称，在

图 9-26 "列表值"对话框

"值"列输入传回服务器端的表单数据；单击减号按钮"➖"可从列表中删除当前选定项目；单击向上箭头或向下箭头可对添加的项目进行重新排序。

在"列表值"对话框中输入各项数据后，单击"确定"按钮返回到"属性"面板，此时"初始化时选定"列表框中显示了设置的数据，如图 9-27 所示。

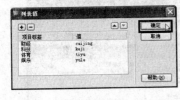 

图 9-27 设置列表值

● 在"初始化时选定"列表框中可设置一个项目作为列表中默认选择的菜单项。

步骤 3▶ 设置完各选项后保存文件，并按【F12】键预览网页，单击向下的箭头可将其展开，效果如图 9-28 所示。

图 9-28　预览效果

另外，如果在"属性"面板的"类型"区域选择"列表"，则"属性"面板将如图 9-29 所示。

图 9-29　"类型"为"列表"时的"属性"面板

- 在"高度"编辑框中可设置列表菜单中显示的项目数。如果实际的项目数多于"高度"中的项目数，则列表菜单右侧将自动出现滚动条。
- 勾选"允许多选"选项，则浏览者将可以从列表菜单中选择多个项目。

实训 7　应用图像域

【实训目的】

- 掌握应用图像域的方法。

【操作步骤】

步骤 1▶　使用图像域可以用一些漂亮的图像按钮来代替 Dreamweaver 自带的按钮，从而使网站更美观。

步骤 2▶　要插入图像域，首先将插入点置于表单中，然后单击"表单"插入栏中的"图像域"按钮，弹出"选择图像源文件"对话框。在对话框中选择要添加的图像，然后单击"确定"按钮，即可将图像按钮插入到网页中，如图 9-30 所示。

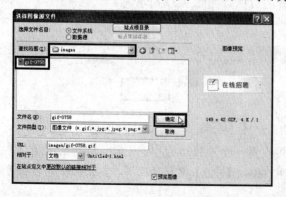 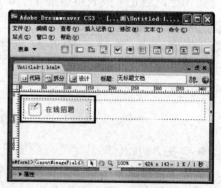

图 9-30　插入图像域

步骤 3▶ 接下来设置图像按钮的属性。用鼠标单击选中图像按钮，其"属性"面板如图9-31所示。

图9-31 图像域"属性"面板

该面板中各参数的意义如下。

● 图像区域：设置图像域的名称，默认为"imageField"。
● 源文件：图像文件的路径，单击其后的🗀图标可以重新设置源文件，也可直接在编辑框中输入路径。
● 替换：设置描述性文本，也就是图像不能正常显示时在图像域显示的文本。
● 对齐：设置图像按钮的对齐方式。
● 编辑图像：单击"编辑图像"按钮可启动外部图像编辑器来编辑图像。

提示

默认的图像按钮只具有提交表单的功能，如果要改变其用途，就需要将"行为"附加到表单对象中。

实训8 应用文件域

【实训目的】
● 掌握应用文件域的方法。

【操作步骤】
步骤 1▶ "文件域"可以使浏览者选择本地计算机上的文件，并将其上传到服务器上。"文件域"的外观与文本字段类似，只是后面多了一个"浏览"按钮。浏览者可以单击该按钮来选择要上传的文件，或者直接在编辑框中输入要上传文件的路径。

步骤 2▶ 要插入文件域，首先将插入点置于表单中，然后单击"表单"插入栏中的"文件域"按钮🗀，如图9-32所示。

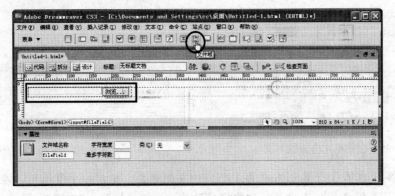

图9-32 插入文件域

用鼠标单击选中文件域，"属性"面板中将显示其属性，其中各选项意义如下。

- 文件域名称：用来设置文件域的名称。
- 字符宽度：用来设置文件域中最多可显示的字符数。
- 最多字符数：用来设置文件域中最多可输入的字符数。

综合实训 2——制作"商品订购"页面

前面介绍了常见表单对象的应用。在实际制作网页时，这些表单对象很少单独使用，一个表单中通常会包含各种类型的表单对象。下面来制作一个完整的表单网页实例，该实例源文件位于本书附赠的"\素材与实例\form"站点中。

步骤 1▶ 新建网页文档，保存为"contact_a.html"。打开"页面属性"对话框，设置文本"大小"为"12"像素，"文本颜色"为黑色，如图 9-33 所示。

步骤 2▶ 首先在文档中插入一个表单域，然后在该表单中插入一个 13 行 3 列，"宽"为 560 像素，间距为 6 像素的表格，如图 9-34 所示。

图 9-33 设置页面属性

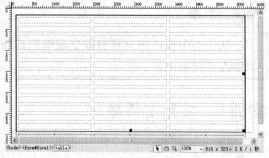

图 9-34 插入表格

步骤 3▶ 将第 1 行的 3 个单元格合并，并设置合并后的单元格"高"为"26"，"背景颜色"为"#CCCC66"（土黄色）。在其中输入文本"商品订购"，在"属性"面板上设置"大小"为"14"，颜色为黑色，加粗，在单元格中居中显示，如图 9-35 所示。

步骤 4▶ 设置第 2 行第 1 列单元格的"宽"为"30"像素，然后在第 2 行和第 3 行中间的单元格中分别输入文本，如图 9-36 所示。

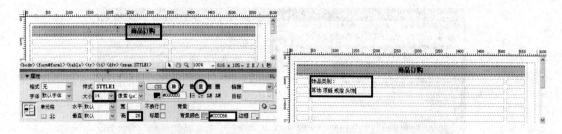

图 9-35 合并单元格并输入文本　　　　　　　图 9-36 输入文本

步骤 5▶ 在第 3 行单元格中第 1 个词组左侧单击，插入一个复选框，在"属性"面板中设置"复选框名称"为"s1"，"选定值"为"ear"，如图 9-37 所示。

步骤 6▶ 采用同样的方法，在后面每个词组左侧分别插入复选框，并设置属性，如图 9-38 所示。

图 9-37　插入复选框并设置属性　　　　　　　　　图 9-38　插入多个复选框

步骤 7▶ 在第 4 行中间的单元格中输入文本，接着在第 5 行中间的单元格中插入文本字段，并设置其属性，如图 9-39 所示。

步骤 8▶ 在第 6 行和第 7 行单元格中输入文本，接着在第 7 行的第 1 个词组前插入单选按钮，并设置其属性，如图 9-40 所示。

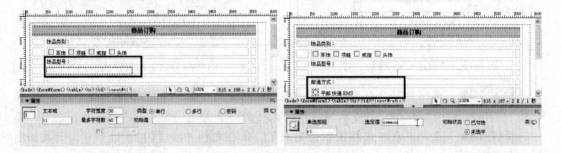

图 9-39　插入文本字段并设置属性　　　　　　　　图 9-40　插入单选按钮并设置属性

步骤 9▶ 采用同样的方法，在后面每个词组左侧分别插入单选按钮，并设置属性。接着在第 8 行和第 10 行输入文本，在第 9 行和第 11 行插入文本字段并设置属性，如图 9-41 所示。

步骤 10▶ 在最后一行中间的单元格中插入一个"提交"按钮，并设置为"右对齐"，如图 9-42 所示。

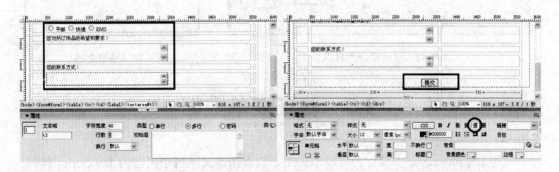

图 9-41　插入文本字段并设置属性　　　　　　　　图 9-42　插入按钮并设置右对齐

步骤 11▶ 为使页面更美观，需要为表格定义一个"边框"样式。单击"CSS 样式"面板下方的"新建 CSS 规则"按钮，打开"新建 CSS 规则"对话框。在"选择器类型"区选择"类"，在"名称"编辑框中输入"tb"，在"定义在"列表区选择"仅对该文档"，然后单击"确定"按钮，如图 9-43 所示。

步骤 12▶ 打开".tb 的 CSS 规则定义"对话框，在"分类"列表区选择"边框"，然后在右侧"样式"列的"上"下拉列表中选择"实线"，在"宽度"列的"上"下拉列表中选择"细"，设置"颜色"列的"上"颜色值为"#CCCC66"（土黄色），最后单击"确定"按钮，如图 9-44 所示。

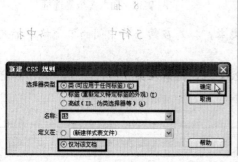

图 9-43 "新建 CSS 规则"对话框

图 9-44 设置边框样式

步骤 13▶ 选中表格，在"属性"面板的"对齐"下拉列表中选择"居中对齐"，在"类"下拉列表中选择"tb"，对表格应用样式，如图 9-45 所示。

步骤 14▶ 至此，表单文档便制作完成了。保存文档并按【F12】键预览，效果如图 9-46 所示。

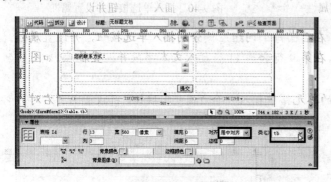

图 9-45 对表格应用样式

图 9-46 预览文档

9.3 验证表单数据

使用 Dreamweaver 中的行为可以添加用于检查指定文本域中内容的 JavaScript 代码，以确保浏览者输入了符合要求的数据。下面通过一个实例介绍具体的设置方法。

实训 1 验证表单数据

【实训目的】

● 掌握验证表单数据的方法。

【操作步骤】

步骤 1▶ 新建网页文档，并在其中插入一个表单，在表单中插入一个文本字段和一个"提交"按钮。

> 要使用验证表单数据的功能，表单中至少应该存在一个文本字段和一个"提交"按钮。如果存在多个文本字段，则每个文本字段都应具有一个唯一的名称。

步骤 2▶ 在文本字段左侧输入文本"请输入您的 E-mail 地址:"，如图 9-47 所示。

图 9-47 输入文本

步骤 3▶ 单击选中文本字段，然后在"属性"面板上设置"文本域"名称为"E-mail"，"字符宽度"为 30，"最多字符数"为 50。

步骤 4▶ 选择"提交"按钮，然后选择"窗口" > "行为"菜单，打开"行为"面板，接着单击"添加行为"按钮 ➕，在下拉菜单中选择"检查表单"，如图 9-48 所示。

步骤 5▶ 弹出如图 9-49 所示的"检查表单"对话框，在"命名的栏位"列表中选择要验证的表单对象，勾选"必需的"多选项，在"可接受"列表区选择"电子邮件地址"，然后单击"确定"按钮。

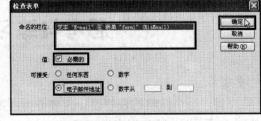

图 9-48 添加行为　　　　　图 9-49 "检查表单"对话框

● "命名的栏位"列表框中显示了所有设置过名称的表单对象，从中选择要验证的某一项即可。

● 如果确定"值"域中必须包含某种数据，需勾选"必需的"复选框。实例中的 E-mail 地址为必填项，所以勾选"必需的"选项。

● "可接受"设置区中包含 4 个选项，如果没有特殊要求，保持默认的"任何东西"即可；如果只能包含数字，可选择"数字"项；如果属于电子邮件格式，也就是其中需要有一个"@"符号，则选择"电子邮件地址"项；如果需要包含特定范围的数字，则选择最后一项"数字从⋯到⋯"。

步骤 6▶ "行为"面板中增加了"检查表单"的行为。保存网页并预览，效果如图 9-50 所示。

我们来验证一下，在编辑框中不输入任何内容，单击"提交"按钮，则会弹出如图 9-51 所示的提示框，告诉浏览者"E-mail 地址"为必填项；如果编辑框中填入了内容，但没有符号"@"，则单击"提交"按钮，会弹出如图 9-52 所示的提示框，告诉浏览者所填的内容不符合 E-mail 地址的格式。

图 9-50　预览网页

图 9-51　提示为必填项

图 9-52　不符合 E-mail 地址格式

如果读者觉得提示框中的英文不太方便的话，可以切换到 Dreamweaver 的"代码"视图，然后在代码中找到这些英文字段，并替换为中文。

课后总结

本章主要介绍了网页中实现交互功能的工具——表单和表单对象的应用。最后还简单介绍了验证表单数据的方法，它属于"行为"的范畴。由于前面在讲行为时，还没有介绍表单的应用，所以放在这里来讲，希望读者能更容易理解。

思考与练习

一、填空题

1．严格来说，一个完整的表单设计应该分为两部分，即_____部分和_____部分，它们分别由网页设计师和程序设计师来完成。

2．表单对象只有添加到_____中才能正常运行，所以在应用表单对象前需要先在页面中插入表单。

3. 文本字段可以以＿＿＿或＿＿＿显示，也可以以＿＿＿＿方式显示。在以密码方式显示的情况下，输入文本将被替换为＿＿＿或项目符号，以避免旁观者看到输入的内容。

4. ＿＿＿＿用来存储非用户输入信息，它通常用来显示用户名等。

5. 对表单而言，＿＿＿＿是不可缺少的元素，它能够控制表单的内容，如"提交"或"重置"。单击＿＿＿＿按钮可将表单中的内容发送到服务器；单击＿＿＿＿按钮可清除表单中现有的内容。

6. ＿＿＿＿允许用户在一组选项中选择一个或多个选项，常用于调查类栏目中。

7. ＿＿＿＿按钮允许用户在多个选项中选择一个，不能进行多项选择。

8. 使用＿＿＿＿可以用一些漂亮的图像按钮来代替 Dreamweaver 自带的按钮。

9. ＿＿＿＿可以使浏览者选择本地计算机上的文件，并将该文件上传到服务器上。

二、操作题

参照图 9-53 所示表单，利用表格、表单和表单对象制作一个用户注册网页。

图 9-53 用户注册网页

提示：

（1）新建网页并设置页面属性，在页面上方输入文本"注册步骤……"，并设置文本居中对齐。

（2）在文本右侧换行后插入一个表单，在表单中插入一个 4 行 3 列，宽 600 像素的表格，设置表格的"填充"为"10"，"间距"为"1"，"对齐"为"居中对齐"。

（3）将表格第 1 行的 3 个单元格合并，并输入文本"以下均为必填项"，设置文本颜色为红色。

（4）设置下方第 1 列的 3 个单元格背景颜色均为"#F0FFFF"（淡绿色），右对齐，并分别输入文本。

（5）设置下方第 2、3 列的 6 个单元格背景颜色均为"#FFF4FF"（淡粉色），在第 2 列的 3 个单元格中分别输入文本字段，在第 3 列的第 1 个单元格中插入一个按钮，并设置"按钮名称"为"检查会员名是否可用"。

（6）在表格下方插入一个 6 行 3 列的表格，并设置其属性同上个表格。

（7）将表格第 1 行的 3 个单元格合并，并输入文本。采用前面的方法为第 2 行到第 5 行的单元格设置背景颜色并输入文本和文本字段。

（8）在第 5 行第 2 列单元格中插入一个复选框，并在其后输入文本。将第 6 行的 3 个单元格合并，并在其中插入一个按钮。

第 10 章　动态网页制作入门

【本章导读】

　　与静态网页相比，动态网页的学习难度相对要大一些，不仅要掌握网页制作知识，还要掌握数据库编程方面的知识。因此，本章只是一个入门，如果读者想要详细学习这方面的内容，还请参阅相关书籍。

【本章内容提要】

- ☞　创建动态网页测试环境
- ☞　数据库相关知识
- ☞　在 Dreamweaver 中实现动态效果
- ☞　发布网站

10.1　创建动态网页测试环境

　　动态网页比普通的静态网页具有更加复杂的结构。要创建动态网页，首先要创建一个动态网页的测试环境。

10.1.1　动态网页工作原理

　　动态网页一般使用"HTML+数据库+ASP"或"HTML+数据库+PHP"或"HTML+数据库+JSP"等来实现。目前中小型网站较常用的是"HTML+数据库+ASP"技术。

　　当我们通过浏览器向服务器发出请求时，假若请求的是一个静态网页，这个请求到了服务器以后，服务器会在本身的硬盘上寻找相关网页，然后返回内容；假若请求的是一个动态网页，服务器在接到请求后，就会接着传送给安装在这个机器上的应用程序服务器。

> 应用程序服务器是通过解析特定程序制作 HTML 文档的软件。举例来说，就像翻译公司把外语翻译成中文一样，应用程序服务器可以把网页程序解析为 HTML 语言。翻译公司可以分为英语翻译公司、日语翻译公司和德语翻译公司等。同样地，应用程序服务器也可以分为不同的种类，像 ASP、JSP、PHP 等。在安装 IIS 时会同时安装网页服务器和 ASP 应用服务器。

应用程序服务器会理解并解释这些代码的含义，并将解释后的内容返回到客户端，这样我们看到的仍然是一个很单纯的静态 HTML 网页。这说明，即使是动态网站，在客户端也是看不到动态网页代码的，这在一定程度上也起到保护代码的作用。

> 此时你可能会有这样的疑问，那些内容是哪里来的呢？当然是数据库了，所以在服务器端除了 ASP 应用程序外，还要装一个数据库管理程序，这些将在 10.2 节做详细介绍。

实训 1 在 Windows XP 中安装 IIS

要制作动态网页，首先需要有一个测试服务器。在 Windows XP 操作系统下，只要安装了 IIS，就可以将自己的电脑设置为测试服务器。在安装 Windows XP 时，默认状态下是不会安装 IIS 的，所以需要单独安装。

【实训目的】
● 掌握在 Windows XP 中安装 IIS 的方法。

【操作步骤】

步骤 1▶ 首先将 Windows XP 安装光盘放入光驱中，然后单击桌面左下角的"开始"按钮 ，在弹出的菜单中选择"控制面板"。

步骤 2▶ 打开"控制面板"，双击其中的"添加或删除程序"图标 ，如图 10-1 所示。

步骤 3▶ 打开"添加或删除程序"对话框，单击左侧的"添加/删除 Windows 组件"按钮 ，如图 10-2 所示。

步骤 4▶ 在打开的"Windows 组件向导"对话框中勾选"Internet 信息服务（IIS）"复选框，然后单击"下一步"按钮，如图 10-3 所示。

步骤 5▶ 开始安装 IIS，并显示安装过程，如图 10-4 所示。这可能需要几分钟的时间。

图 10-1　双击"添加或删除程序"图标　　　图 10-2　单击"添加/删除 Windows 组件"按钮

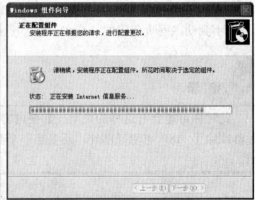

图 10-3　勾选"Internet 信息服务（IIS）"　　　图 10-4　显示安装过程

步骤 6▶ 几分钟后，显示完成 IIS 的安装，单击"完成"按钮，如图 10-5 所示。

步骤 7▶ 回到"添加或删除程序"对话框后，单击窗口右上角的"关闭"按钮 ⊠，将其关闭。

步骤 8▶ 为确认是否正确安装了 IIS，运行浏览器，在地址栏中输入"localhost"后按【Enter】键确认，结果如图 10-6 所示。

图 10-5　完成 IIS 的安装　　　图 10-6　测试是否正确安装了 IIS

步骤 9▶　测试时，系统在打开网页的同时也打开了帮助页，用户可在这里查看 IIS 使用帮助，如图 10-7 所示。

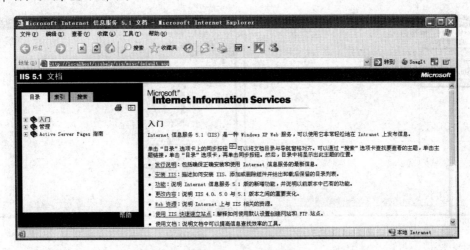

图 10-7　打开帮助页

综合实训 1——设置 "macaco" 为 IIS 默认网站

安装了 IIS 后，还需要进行简单的设置才能用于测试网页，下面就以 "macaco" 网站为例，来看看具体的设置方法。

步骤 1▶　选择 "开始" > "控制面板" 菜单，打开 "控制面板" 窗口，双击其中的 "管理工具" 图标，如图 10-8 所示。

步骤 2▶　在打开的 "管理工具" 窗口中双击 "Internet 信息服务" 图标，如图 10-9 所示。

图 10-8　双击 "管理工具" 图标

图 10-9　双击 "Internet 信息服务" 图标

步骤 3▶　打开 "Internet 信息服务" 窗口，依次单击 "计算机名"（此处为 "DEVIL"）和 "网站" 前面的加号⊞，显示 "默认网站"，如图 10-10 所示。

步骤 4▶　右击 "默认网站"，在弹出的快捷菜单中选择 "属性"，如图 10-11 所示。

步骤 5▶　弹出 "默认网站 属性" 对话框，单击 "主目录" 选项卡，如图 10-12 所示。

步骤 6▶ 单击"本地路径"编辑框后的"浏览"按钮，弹出"浏览文件夹"对话框，选择用来保存网站的文件夹，然后单击"确定"按钮，如图 10-13 所示。

图 10-10 显示"默认网站"

图 10-11 在快捷菜单中选择"属性"

图 10-12 单击"主目录"选项卡

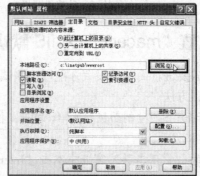

图 10-13 设置本地路径

步骤 7▶ 回到"默认网站 属性"对话框，勾选"脚本资源访问"和"写入"复选框，然后切换至"文档"选项卡，如图 10-14 所示。

步骤 8▶ 单击"添加"按钮，弹出"添加默认文档"对话框，在"默认文档名"编辑框中输入"index.html"，然后单击"确定"按钮，如图 10-15 所示。

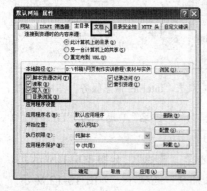

图 10-14 切换到"文档"选项卡

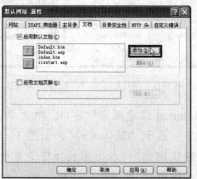

图 10-15 添加默认文档名

　　勾选"脚本资源访问"复选框，表示允许用户访问已经设置了"读取"或"写入"权限的资源代码；勾选"写入"复选框，允许用户将文件及其相关属性上载到服务器上已启用的目录中，或者更改可写文件的内容。

　　一般情况下，所添加的默认文档名应与网站的主页名一致，这样在测试时输入根目录，会直接显示网站的主页。

步骤 9▶　　选中刚添加的"index.html"，连续单击▣按钮，直到"index.html"到最上方，最后单击"确定"按钮，如图 10-16 所示。

步骤 10▶　　弹出"继承覆盖"对话框，单击"确定"按钮，如图 10-17 所示。

图 10-16　将"index.html"移到最上方

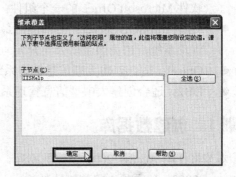

图 10-17　"继承覆盖"对话框

步骤 11▶　　设置成功，右侧的窗口中显示了网站中的文件以及文件夹，如图 10-18 所示。

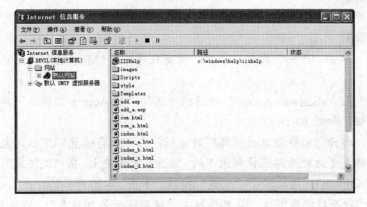

图 10-18　设置成功

步骤 12▶　　这样设置 IIS 后，在浏览器地址栏中输入"localhost"，然后按【Enter】键，将打开你设置的网站主页。

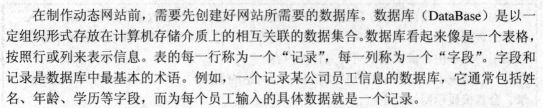

10.2   数据库相关知识

在制作动态网站前，需要先创建好网站所需要的数据库。数据库（DataBase）是以一定组织形式存放在计算机存储介质上的相互关联的数据集合。数据库看起来像是一个表格，按照行或列来表示信息。表的每一行称为一个"记录"，每一列称为一个"字段"。字段和记录是数据库中最基本的术语。例如，一个记录某公司员工信息的数据库，它通常包括姓名、年龄、学历等字段，而为每个员工输入的具体数据就是一个记录。

在动态网站中，绝大多数网站数据（会员信息、留言内容等）都保存在数据库中。当需要某一数据时（例如某一条留言信息），只要单击相关链接，应用程序会自动调用数据库中的内容，并将其显示在网页中。

目前，常用的数据库管理系统有下面几种。

- Microsoft Access：适合创建中小型信息管理系统，由美国微软公司开发，是办公软件 Microsoft Office 的一个组件。
- Microsoft SQL Server：目前应用最广泛的数据库管理系统，适合创建中小型信息管理系统，由美国微软公司开发。
- Oracel：适合创建大型信息管理系统，由美国 Oracel 公司开发。
- DB2：适合创建大中型信息管理系统，由美国 IBM 公司开发。

实训 1   创建数据库

本节将使用 Access 2000 创建数据库，以保存用户个人信息及留言内容。当然，要使用 Access 2000，必须首先安装该软件。Access 的安装过程非常简单。在安装 Office 办公软件时默认状态下会安装 Access，所以此处不再详述。

本节要创建的数据库包含 5 个字段，它们分别是编号、昵称、留言、日期和时间。

【实训目的】

- 掌握使用 Access 创建简单数据库的方法。

【操作步骤】

步骤 1▶   单击"开始"按钮，选择"所有程序" > "Microsoft Access"菜单，启动 Access。

步骤 2▶   在"Microsoft Access"对话框中选择"空 Access 数据库"单选钮，然后单击"确定"按钮，如图 10-19 所示。

步骤 3▶   打开"文件新建数据库"对话框，在"保存位置"下拉列表中选择希望保存数据库的文件夹（此处为站点根目录下的"data"文件夹），在"文件名"编辑框中输入数据库文件名（mydb），然后单击"创建"按钮，如图 10-20 所示。

步骤 4▶   打开数据库窗口，在其中双击"使用设计器创建表"，如图 10-21 所示。

步骤 5▶   打开表结构设计窗口，输入字段名 bianhao，打开后面的数据类型下拉列表，从中选择"自动编号"（表示该项数据无需输入，而由系统自动生成），如图 10-22 所示。

图 10-19 选择"空 Access 数据库"

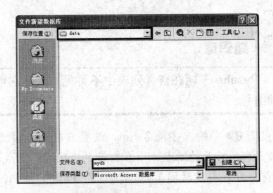

图 10-20 设置保存位置和文件名

图 10-21 双击"使用设计器创建表"

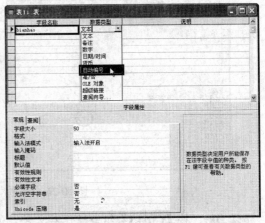

图 10-22 设置"bianhao"字段

步骤 6▶ 输入字段名 nicheng，取默认数据类型"文本"，在下面的"字段属性"设置区设置字段的"默认值"为""无名""，"允许空字符串"为"是"，如图 10-23 所示。

步骤 7▶ 输入字段名 neirong，取默认数据类型"文本"，在下面的"字段属性"设置区设置字段的"字段大小"为"255"，"允许空字符串"为"是"，如图 10-24 所示。

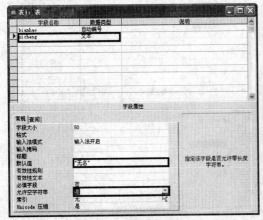

图 10-23 设置"nicheng"字段

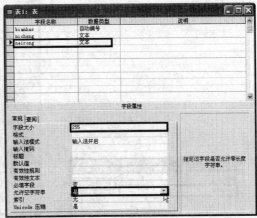

图 10-24 设置"neirong"字段

> "bianhao"项在留言列表中不可见，但是它可以根据留言的顺序为数据库中的留言自动编号。

步骤 8▶ 输入字段名 riqi，设置其数据类型为"日期/时间"，单击"字段属性"设置区"默认值"后面的 ⊞ 图标，在打开的"表达式生成器"中设置"默认值"为"Date()+Time()"（当前日期和当前时间），然后单击"确定"按钮，如图 10-25 所示。

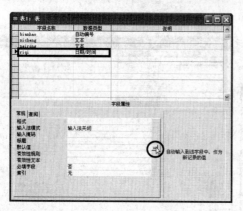

图 10-25 设置"riqi"字段

步骤 9▶ 按【Ctrl+S】组合键保存文件，弹出"另存为"对话框，在"表名称"编辑框中输入"mytable"作为表名，然后单击"确定"按钮，如图 10-26 所示。

步骤 10▶ office 助手提示需要定义主键，问是否定义，单击"是"定义主键，"bianhao"字段自动被定义为主键，其前方出现钥匙形状的小图标。最后单击"关闭"按钮，关闭表设计器，如图 10-27 所示。

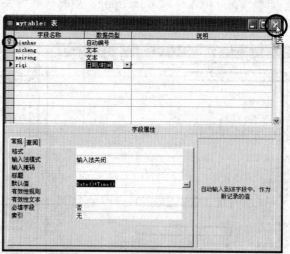

图 10-26 保存表

图 10-27 定义主键并关闭表设计器

步骤 11▶　为便于后面进行测试，双击 mytable（如图 10-28 所示），打开输入表数据窗口。

步骤 12▶　随意输入两条记录（只输入昵称和内容就可以了），最后关闭表并退出 Access，如图 10-29 所示。

图 10-28　双击 mytable

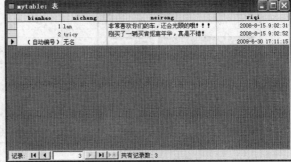

图 10-29　输入两条记录

10.3　在 Dreamweaver 中实现动态效果

本节通过制作一个留言板的留言和留言列表页面，来讲解在 Dreamweaver 中制作动态网页的方法。

实训 1　创建动态站点

在开始网页制作之前，需要先创建站点，动态网站更是如此。下面以 "macaco" 网站为例来看一下动态站点的创建方法。

【实训目的】
- 掌握动态站点的创建方法。

【操作步骤】

步骤 1▶　在第 2 章中我们已经介绍了普通站点的创建方法，并且已在 Dreamweaver 中定义了 "macaco" 站点，下面通过编辑站点将其定义为动态站点。

步骤 2▶　启动 Dreamweaver CS3 后，选择 "站点" > "管理站点" 菜单，打开 "管理站点" 对话框。在站点列表中选择 "macaco"，然后单击 "编辑" 按钮，如图 10-30 所示。

步骤 3▶　打开 "macaco 的站点定义为" 对话框，切换至 "高级" 选项卡。单击左侧 "分类" 列表中的 "测试服务器" 类型，在 "服务器模型" 下拉列表中选择 "ASP JavaScript"，在 "访问" 下拉列表中选择 "本地/网络"，然后单击 "确定" 按钮，如图 10-31 所示。

在 "访问" 下拉列表中选择 "本地/网络"，表示在本机（也就是前面设置的环境）上进行测试。

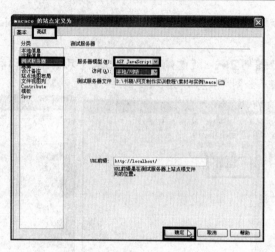

图 10-30　"管理站点"对话框　　　　　图 10-31　设置"测试服务器"

综合实训 2——为留言列表页面增加服务器行为

进入留言板的首页，往往会显示所有留言的列表，本节我们要制作的就是该页面，如图 10-32 所示。

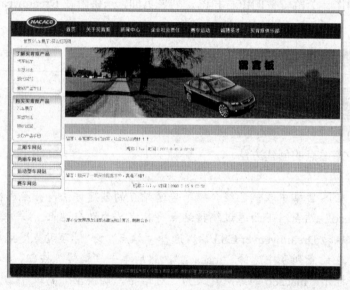

图 10-32　留言列表页面

为便于读者学习和理解，我们将该页面的制作分为创建数据库连接、创建记录集和设置动态文本三部分来讲。

（1）创建数据库连接

利用 Dreamweaver 中的"数据库"面板可以非常容易地连接服务器和数据库，下面我们来看具体操作。

步骤 1▶　打开本书附赠的 "\素材与实例\macaco" 站点中的 "list_a.asp" 文档。在网页右侧的第 2 个空白单元格中单击，插入一个表单，如图 10-33 所示。

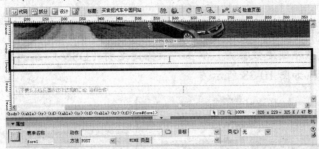

图 10-33　插入表单

步骤 2▶　在表单中插入一个 3 行 2 列，宽为 100%，填充为 4，间距为 1 的表格，并设置表格的背景颜色为灰色（#CCCCCC），如图 10-34 所示。

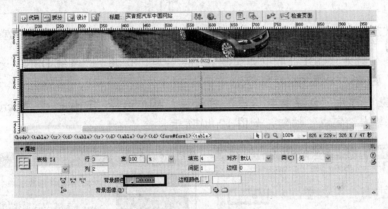

图 10-34　插入表格

步骤 3▶　拖动鼠标选中下方的 4 个单元格，设置其背景颜色为白色，这样就创建了一个有着灰色边框的细线表格，如图 10-35 所示。

步骤 4▶　将表格中第 2 行的两个单元格合并，并输入文本 "留言:"；在第 3 行左侧的单元格中输入文本 "昵称:"，并设置为右对齐；在第 3 行右侧的单元格中输入文本 "时间:"，并设置为左对齐，如图 10-36 所示。

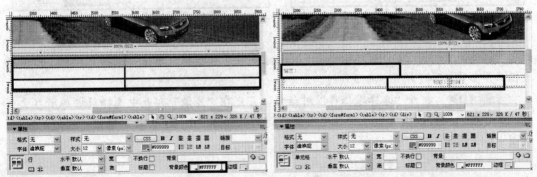

图 10-35　创建细线表格　　　　　　图 10-36　输入文本并设置对齐方式

193

步骤 5▶ 接下来要为网页创建数据库连接。选择"窗口">"数据库"菜单，打开"数据库"面板。单击⊞按钮，在弹出的下拉列表中选择"数据源名称（DSN）"，如图 10-37 所示。

步骤 6▶ 打开"数据源名称（DSN）"对话框，输入"连接名称"为"mb"；由于前面尚未为创建的数据库创建数据源，单击"数据源名称（DSN）"编辑框右侧的"定义"按钮，以定义数据源，如图 10-38 所示。

图 10-37　打开"数据库"面板并添加数据源名称　　　　图 10-38　设置连接名称

步骤 7▶ 打开"ODBC 数据源管理器"对话框，切换至"系统 DSN"选项卡，然后单击"添加"按钮，如图 10-39 所示。

步骤 8▶ 打开"创建新数据源"对话框，从中选择"Driver do Microsoft Access（*.mdb）"，单击"完成"按钮，如图 10-40 所示。

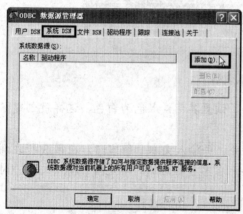
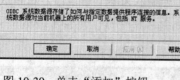

图 10-39　单击"添加"按钮　　　　　　　　图 10-40　选择数据源类型

步骤 9▶ 打开"ODBC Microsoft Access 安装"对话框，单击"选择"按钮，以选择数据库，如图 10-41 所示。

步骤 10▶ 打开"选择数据库"对话框，首先在"目录"列表中选择数据库所在文件夹，然后在左侧的数据库列表中选择前面创建的数据库"mydb"，最后单击"确定"按钮，如图 10-42 所示。

图 10-41　打开 "ODBC Microsoft Access 安装" 对话框　　　　图 10-42　选择数据库

步骤 11▶　返回 "ODBC Microsoft Access 安装" 对话框，输入数据源名（此处为 "myodbc"），然后单击 "确定" 按钮，如图 10-43 所示。

步骤 12▶　返回 "ODBC 数据源管理器" 对话框，新建的数据源已出现在系统数据源列表中，单击 "确定" 按钮，如图 10-44 所示。

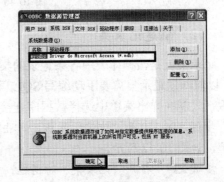

图 10-43　输入数据源名 "myodbc"　　　　图 10-44　返回 "ODBC 数据源管理器" 对话框

步骤 13▶　返回 "数据源名称（DSN）" 对话框，新建的数据源名称出现在 "数据源名称（DSN）" 列表框中。为验证连接是否成功，单击 "测试" 按钮，如图 10-45 左图所示。

步骤 14▶　显示提示对话框，表示设置无误。单击 "确定" 按钮，关闭提示对话框，如图 10-45 右图所示。

图 10-45　测试是否连接成功

步骤 15▶　在 "数据源名称（DSN）" 对话框中单击 "确定" 按钮，关闭 "数据源名称（DSN）" 对话框，此时新建数据库连接已出现在 "数据库" 面板中，如图 10-46 所示。

图 10-46　创建数据库连接

（2）创建记录集

记录集就是数据库表中各条记录的集合，此处创建记录集的目的是读取数据库中的内容。以前创建记录集需要手动编写 SQL 语句；现在好了，使用 Dreamweaver 提供的"绑定"面板，只需在弹出菜单中选择数据库连接和表即可轻松创建，具体操作如下。

步骤 1▶　打开"绑定"面板，单击 按钮，在弹出的菜单列表中选择"记录集（查询）"，如图 10-47 所示。

步骤 2▶　打开"记录集"对话框。在"连接"下拉列表中选择前面创建的"mb"连接，如图 10-48 所示。

步骤 3▶　"表格"列表中自动变为"mytable"，下面的"列"列表中也自动显示表格中的字段名。为测试创建的记录集，单击"测试"按钮，如图 10-49 所示。此时将显示连接的表格内容，如图 10-50 所示。

步骤 4▶　依次单击"确定"按钮，关闭"测试 SQL 指令"对话框和"记录集"对话框，此时新创建的记录集已增加到"绑定"面板中，如图 10-51 所示。

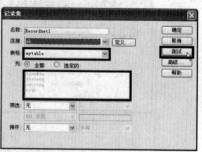

图 10-47　选择记录集　　　图 10-48　选择"mb"连接　　　图 10-49　单击"测试"按钮

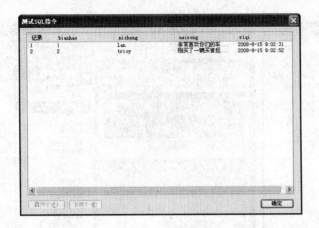

图 10-50　显示表格内容　　　　　　　　　　图 10-51　成功创建记录集

（3）设置动态文本

动态文本是指需要从数据库中读取，而不是直接输入到网页中的文本。使用 Dreamweaver 提供的"服务器行为"面板，可以轻松设置动态文本，不需要再一个个地插入，具体操作如下。

步骤 1▶　在表单表格的第 2 行"留言:"后面单击。打开"服务器行为"面板，单击 ⊞ 按钮，在弹出的下拉菜单中选择"动态文本"，如图 10-52 所示。

步骤 2▶　打开"动态文本"对话框，在"域"列表区单击选择 neirong 字段，然后单击"确定"按钮，以插入动态文本，如图 10-53 所示。

图 10-52　选择"动态文本"　　　　　　　　图 10-53　插入 neirong 字段

步骤 3▶　在表格的第 3 行"昵称:"后面单击，按照前面的方法插入 nicheng 字段；之后在"时间:"后面插入 riqi 字段，如图 10-54 所示。

步骤 4▶　由于该表单用来显示记录，不能只显示一行。因此，还要给它增加一个"重复区域"行为。为此，首先单击标签选择器中的"form"标签选中表单，然后在"服务器行为"面板中单击 ⊞ 按钮，在其下拉菜单中选择"重复区域"，如图 10-55 所示。

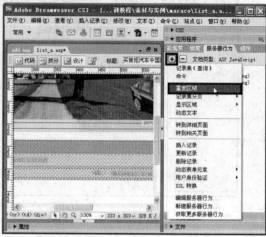

图 10-54　插入 nicheng 和 riqi 字段　　　　　　图 10-55　选择"重复区域"

步骤5▶ 打开"重复区域"对话框。默认情况下，记录集的显示条数为 10 条，此处设置为 6，最后单击"确定"按钮，如图 10-56 所示。

步骤6▶ 保存网页，然后按【F12】键预览，效果如图 10-57 所示。

图 10-56　设置"重复区域"　　　　　　　　　图 10-57　网页预览效果

综合实训 3——为留言页面增加服务器行为

留言板肯定要具有留言功能，本节我们就来看看如何使用 Dreamweaver 实现网页的留言功能，如图 10-58 所示。第 9 章的综合实训 1 制作了一个留言界面，本节我们就在它的基础上开始留言功能的制作。

图 10-58　留言页面

步骤 1▶　打开本书附赠的 "\素材与实例\macaco" 站点中的 "add_list.asp" 文档。

步骤 2▶　单击文档工具栏中的 "拆分" 按钮，在文档编辑窗口上方打开代码视图。将插入点置于<html>代码上方，打开 "数据库" 面板，右键单击前面创建的数据库连接，在弹出的菜单中选择 "插入代码"，如图 10-59 所示。

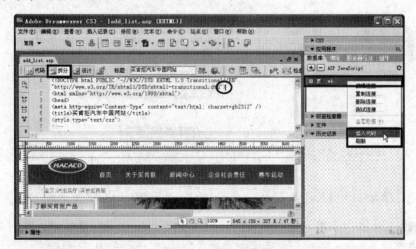

图 10-59　插入代码

步骤 3▶　此时可以看到在插入点所在位置插入的代码。单击 "设计" 按钮，以显示设计视图，如图 10-60 所示。

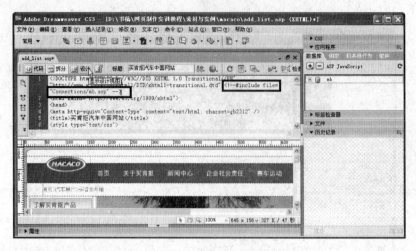

图 10-60　切换至设计视图

步骤 4▶　打开"服务器行为"面板，单击 ⊞ 按钮，在弹出的菜单中选择"插入记录"，如图 10-61 所示。

步骤 5▶　在打开的"插入记录"对话框中设置"连接"为前面创建的 mb，"插入到表格"自动变为 mytable，"获取值自"也自动变为 form1，单击"表单元素"列表区的文本字段"textfiled<忽略>"，在下面的"列"下拉列表中选择 nicheng 字段，如图 10-62 所示。

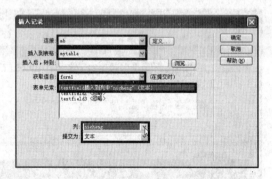

图 10-61　插入记录　　　　　　　图 10-62　设置"插入记录"对话框

步骤 6▶　单击"表单元素"列表区的文本字段"textfiled3<忽略>"，在下面的"列"下拉列表中选择 neirong 字段，然后单击"确定"按钮，如图 10-63 所示。

步骤 7▶　选择"窗口">"行为"菜单，打开"行为"面板。选中下面表格中的按钮"返回留言列表"，单击"添加行为"按钮 ┿，在弹出的下拉菜单中选择"转到 URL"。

步骤 8▶　打开"转到 URL"对话框，单击"URL"编辑框后的"浏览"按钮，在打开的"选择文件"对话框中选择要转到的网页（此处为"list.asp"），然后单击"确定"按钮，如图 10-64 所示。

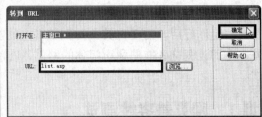

图 10-63　设置文本字段　　　　　　　　　图 10-64　"转到 URL"对话框

知识库

采用同样的方法，为"留言列表"页面中的按钮"我要留言"设置到"add_list.asp"的链接。

步骤 9▶　为预览网页效果，保存文件后按【F12】键预览。在各个编辑框中输入内容，然后单击"提交"按钮，如图 10-65 所示。

步骤 10▶　提交内容后编辑框都变空，单击"返回留言列表"按钮查看留言，可以看到刚才的留言已经显示在留言列表下方，如图 10-66 所示。

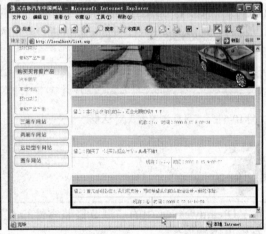

图 10-65　预览网页　　　　　　　　　　　图 10-66　留言成功

前面只是讲了留言板前台的制作，实际上一个完整的留言板不仅有前台，还要有后台，以便于网站拥有者对留言进行回复和管理。有兴趣的读者可以参考上面的方法，自己试着做出留言板的后台。

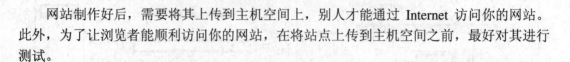
10.4　发布网站

网站制作好后，需要将其上传到主机空间上，别人才能通过 Internet 访问你的网站。此外，为了让浏览者能顺利访问你的网站，在将站点上传到主机空间之前，最好对其进行测试。

实训 1　网页兼容性测试

通过兼容性测试，可以查出文档中是否含有浏览器不支持的标签或属性等，如 EMBED 标签、marquee 标签等。如果这些元素不被浏览器支持，在浏览器中会显示不完全或功能运行不正常，进而影响网页的质量。

【实训目的】
掌握网页兼容性测试的方法。

【操作步骤】

步骤 1▶　打开要测试的网页，单击文档工具栏中的 检查页面 按钮，在弹出的下拉菜单中选择"设置"，打开"目标浏览器"对话框，如图 10-67 所示。

步骤 2▶　在对话框中选择要检测的浏览器，在右侧的下拉列表中选择对应浏览器的最低版本。单击"确定"按钮，关闭对话框。在"结果"面板组中的"浏览器兼容性检查"面板中显示检查结果，如图 10-68 所示。

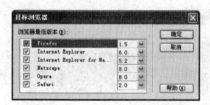

图 10-67　"目标浏览器"对话框　　　　　　　图 10-68　"浏览器兼容性检查"面板

Dreamweaver 中的"浏览器兼容性检查"功能不会对文档进行任何方式的更改，只会给出检测报告。

"浏览器兼容性检查"命令可给出 3 种潜在问题的信息：告知性信息、警告和错误。这 3 种问题的含义如下。

● 告知性信息：表示代码在某个浏览器中不受支持，但没有负面影响。
● 警告：表示某段代码不能在特定浏览器中正确显示，但不会导致严重问题。
● 错误：表示某段代码在特定浏览器中会导致严重问题，如致使页面显示不正常。

步骤 3▶ 单击"结果"面板组左下侧的 ❸ 符号，浏览器中会显示出检查报告，如图 10-69 所示。

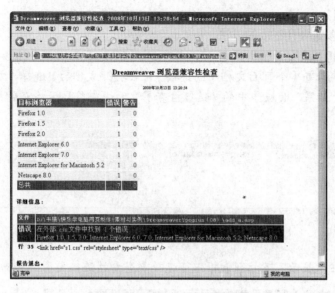

图 10-69 检查报告

步骤 4▶ 双击"目标浏览器检查"面板中的错误信息，系统自动切换至"拆分"视图，并选中有问题的标记，方便将其修改或删除，如图 10-70 所示。

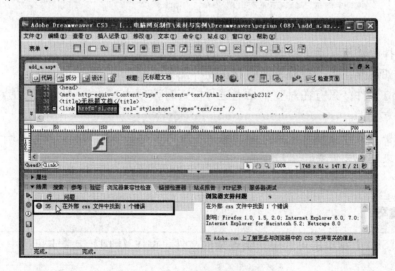

图 10-70 修改或删除有问题的标记

实训 2 检查并修复网页链接

在一些大型站点中，往往会有很多链接，这就难免出现 URL 地址出错的问题。如果逐个页面进行检查，将是非常烦琐和浩大的工程，又很浪费时间和精力。针对这一问题，

Dreamweaver 提供了"检查链接"功能，使用该功能可以在打开的文档或本地站点的某一部分或整个站点中快速检查断开的链接和未被引用的文件。

【实训目的】

掌握检查和修复网页链接的方法。

【操作步骤】

步骤 1▶　要检查单个页面文档中的链接。可在打开文档后，选择"文件" > "检查页" > "链接"菜单，"结果"面板组中的"链接检查器"面板中将显示检查的结果，如图 10-71 所示。

图 10-71　"链接检查器"面板

步骤 2▶　在"显示"下拉列表框中可选择要查看的链接类型，如图 10-72 所示。

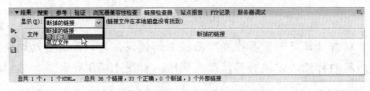

图 10-72　选择要查看的链接类型

- 断掉的链接：用于检查文档中是否有断掉的链接。
- 外部链接：用于检查页面中存在的外部链接。
- 孤立文件：只有在对整个站点进行检查时该项才有效。用于检查站点中是否存在孤立文件。

步骤 3▶　要检查站点中某部分的链接。可打开"文件"面板。在"文件"面板中选择要检查的文件或文件夹。

　　按住【Shift】键单击可选中一组连续的文件，按住【Ctrl】键单击可选中不连续的文件。

步骤 4▶　在选中的文件或文件夹上单击鼠标右键，在弹出的快捷菜单中选择"检查链接" > "选择文件/文件夹"菜单，检查结果将显示在"结果"面板组的"链接检查器"面板中。同样地，在"显示"下拉列表中可选择要查看的链接类型，如图 10-73 所示。

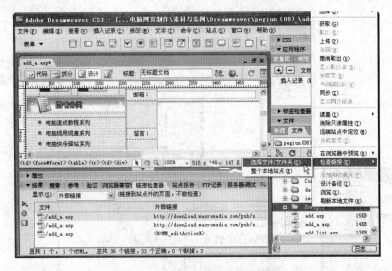

图 10-73　检查所选文件的链接

步骤 5▶　修复链接的方法非常简单，在断掉的链接列表中单击"断掉的链接"列中出错的项，该列将变为可编辑状态，直接输入链接文件的路径或单击右侧的 📁 图标，在弹出的"选择文件"对话框中重新选择链接的文档。

步骤 6▶　如果当前所选范围中还有文件与其有相同的错误，当修改完上述链接后，系统将弹出如图 10-74 所示的提示框，询问用户是否修正其他引用该文件的非法链接。此时单击"是"按钮，系统将自动修正其他链接。

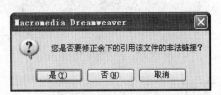

图 10-74　提示框

实训 3　设置站点远程信息

申请好主机和域名后，服务商会为我们提供登录虚拟空间所用的 IP 地址、登录账户名称和密码。必须把这些信息设置到 Dreamweaver 对应的站点中，才能通过 Dreamweaver 内置的站点管理功能上传或下载站点文件。

【实训目的】

掌握网页兼容性测试的方法。

【操作步骤】

步骤 1▶　选择"站点" > "管理站点"菜单，打开"管理站点"对话框，如图 10-75 所示。在站点列表中选择一个站点，然后单击"编辑"按钮，打开站点定义对话框。

步骤 2▶　切换至"高级"选项卡，在"分类"列表中单击"远程信息"，然后在右侧设置区设置相关参数，如图 10-76 所示。

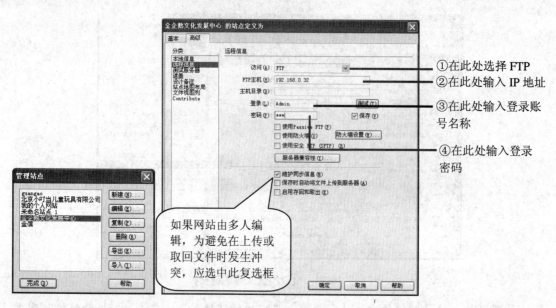

图 10-75 "管理站点"对话框   图 10-76 设定远程信息

步骤 3▶ 为验证所设参数是否正确，可在设置好站点远程信息后单击"测试"按钮。如果成功连接，系统会给出相应提示信息，如图 10-77 所示。

图 10-77 测试连接

实训 4 上传或下载文件

【实训目的】

掌握上传或下载文件的方法。

【操作步骤】

步骤 1▶ 与服务器成功连接后，如果要从本地站点向服务器中上传文件，可直接单击"文件"面板中的"上传文件"按钮 ⬆，此时系统会首先打开图 10-78 所示的提示对话框，询问用户是否上传整个站点。

步骤 2▶ 单击"确定"按钮，系统将开始上传文件并显示类似图 10-79 所示的上传进度提示对话框。单击"详细"左侧的小黑三角，将显示详细的上传信息列表。

图 10-78 提示对话框

图 10-79 上传进度显示对话框

步骤 3▶ 在"文件"面板中单击"本地视图"下拉列表，在下拉列表中选择"远程视图"，其中显示了远程服务器上的文件列表，如图 10-80 所示。

如果定义了多个站点，可打开此下拉列表选择站点

打开此下拉列表可选择"本地视图"、"远程视图"或"地图视图"

本地站点或远程服务器中的文件列表

图 10-80 远程视图

如果网站内容较多，上传网站会花费很长的时间，此时应尽可能选择晚上等空闲时间执行上传工作。

步骤 4▶ 如果希望只上传选定的文件或文件夹，可首先选中这些文件或文件夹，然后再单击"上传文件"按钮 。

可以结合键盘上的【Shift】或【Ctrl】键同时选中多个文件或文件夹。例如，要选择一组连续的文件，可按住【Shift】键，然后单击第一个和最后一个文件。要选择一组不连续的文件，可按住【Ctrl】键，然后分别单击选择文件。

步骤 5▶ 当我们上传的是一个网页文档，并且这个文档使用了一些图像素材，如果上传时没有选择这些素材，Dreamweaver 将弹出图 10-81 所示画面，询问是否将这些相关文件一起上传。

图 10-81 "相关文件"提示框

步骤 6▶ 选择"是"，表示随 HTML 文档一起上传这些素材；选择"否"，表示只上传 HTML 文档。如果不做任何选择，该对话框将在 30 秒后自动消除。

步骤 7▶ 要从远程服务器中取回文件，只需单击"文件"面板中的"获取文件"按钮 即可。

课后总结

通过本章的学习，大家首先应掌握动态网页的概念。所谓动态网页实际上就是具有交互功能的网页，它通常需要在客户端和服务器之间进行数据交换；因此，动态网页大都会用到数据库，以保存数据。

其次，大家应该明白，要创建和调试动态网页，首先应对 Web 服务器、站点等进行适当配置，并创建好数据库。

最后，本章给出了一个无需编程，而直接借助 Dreamweaver 提供的数据库管理功能制作的留言板。实际上，本章的前两节都是在为留言板的制作做准备。

思考与练习

一、填空题

1. 动态网页一般使用"HTML+数据库+_____"或"HTML+数据库+PHP"或"HTML+数据库+JSP"等来实现。

2. 在 Windows XP 操作系统下，只要安装了_____，即可将自己的电脑设置为测试服务器。

3. _____（DataBase）是以一定组织形式存放在计算机存储介质上的相互关联的数据集合。

4. _____看起来像是一个表格，按照行或列来表示信息。一般来说，表的每一行称为一个_____，每一列称为一个_____。字段和记录是数据库中最基本的术语。

5. _____文本是指需要从数据库中读取，而不是直接输入到网页中的文本。

6. 通过_____测试，可以查出文档中是否含有浏览器不支持的标签或属性，如EMBED 标签、marquee 标签等。

二、操作题

参照留言板的创建方法，制作"用户注册"功能模块，最终效果见本书附赠的"素材与实例"中的 register 文件夹。

提示：

（1）创建一个名为"mydb"的数据库。在数据库管理窗口中双击"使用设计器创建表"，打开表结构设计窗口。

（2）输入字段名 bianhao，打开后面的数据类型下拉列表，从中选择"自动编号"。

（3）输入字段名 xingming，取默认数据类型"文本"，在下面的"字段属性"设置区设置"必填字段"为"是"（表示该项为必填的）。

（4）输入字段名 mima，取默认数据类型"文本"，在下面的"字段属性"设置区设置"必填字段"为"是"。再按照同样的方法，分别创建 dizhi、dianhua 和 youbian 字段，如图 10-82 所示。

（5）将表保存为"mytable"，并定义主键。

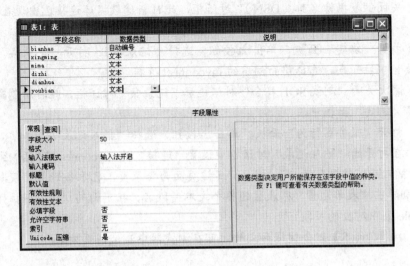

图 10-82　创建字段

（6）新建一个名为 register.asp 的网页文档，在其中插入一个表单，并在表单中插入一个 6 行 2 列的表格，分别在前 5 行的每个单元格中输入文本或插入文本字段，将第 6 行的两个单元格合并，并插入两个按钮，如图 10-83 所示。

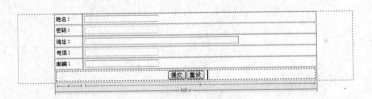

图 10-83　注册表单

（7）打开"数据库"面板，单击 按钮，选择"数据源名称（DSN）"，打开"数据源名称（DSN）"对话框，输入"连接名称"为"myconnect"。

（8）单击"定义"按钮，打开"ODBC 数据源管理器"对话框，并打开"系统 DSN"选项卡。

（9）单击"添加"按钮，打开"创建新数据源"对话框，从中选择"Driver do Microsoft Access（*.mdb）"。

（10）单击"完成"按钮，打开"ODBC Microsoft Access 安装"对话框。在"数据源名"编辑框中输入"myodbc"，然后单击"选择"按钮，在打开的"选择数据库"对话框中选择前面创建的数据库。

（11）选定数据库后，单击"确定"按钮，返回"ODBC Microsoft Access 安装"对话框。再次单击"确定"按钮，返回"ODBC 数据源管理器"对话框。新建的数据源已出现在系统数据源列表中。

（12）单击"确定"按钮，返回"数据源名称（DSN）"对话框，此时新建的数据源名称出现在"数据源名称（DSN）"列表框中。为验证连接是否成功，可单击"测试"按钮。

（13）关闭"数据源名称（DSN）"对话框，此时新建数据库连接已出现在"数据库"面板中。

（14）打开"绑定"面板，单击 ⊞ 按钮，选择"记录集"，打开"记录集"对话框。打开"连接"下拉列表，选择前面创建的 myconnect 连接。

（15）依次关闭"测试 SQL 指令"对话框和"记录集"对话框，此时新创建的记录集被增加到了"绑定"面板中。

（16）打开"服务器行为"面板，单击 ⊞ 按钮，选择"插入记录"。

（17）在打开的"插入记录"对话框中设置"连接"为 myconnect，"插入到表格"为 mytable，"插入后，转到"为"index.asp"（该页面为登录页，已准备好），"获取值自"为 form1。分别单击"表单元素"列表区的各个文本字段名，在下面的"列"下拉列表中分别选择 mytable 表中对应的字段。

（18）按【Ctrl+S】组合键保存文档，可在浏览器中测试网页效果。

第 11 章 综合实例——制作"富丽宫"网站

【本章导读】

实际工作中，很多用户对网页制作相关软件都操作得非常熟练，但真正要做网站的时候，却又不知该从何入手。针对此情况，我们特意安排了这个制作"富丽宫"度假村网站的综合实例，让大家真正上手制作网站。本例的最终效果请参考本书附赠的"素材与实例/fuligong"站点。

【本章内容提要】

- ☞ 网站规划
- ☞ 网站制作

11.1 网站规划

动手制作网站之前，不仅要准备好用到的材料，还要对整个网站的主题、风格和结构有个大概的认识，做到心中有数。也可以在纸上勾出草图或将自己的想法——列出。本节首先来介绍一下这方面的内容。

11.1.1 网站命名

一般情况下，公司网站直接以公司名作为网站名，个人网站可依自己爱好命名。网站名应该能反映出网站的性质。本章要制作的是一个名为"富丽宫"的度假村网站，网站名为"富丽宫 vacation village"。

11.1.2 划分栏目并确定网站结构

如果想要使建站的过程更顺利，就必须事先规划好网站的栏目和结构，这样在后面的制作中才能做到有章可循。

经过对网站内容的分析，我们将该网站划分为以下 5 个栏目：首页、富丽宫简介、富丽宫展示、富丽宫优惠和富丽宫热线。根据这些栏目，我们做出了图 11-1 所示的网站结构图。

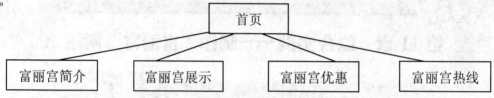

图 11-1　网站结构图

由该结构图可以看出，网站的主要页面一共有 5 个，并且除首页外的其他页面是同级的，可以将它们设置为结构相同的网页。

11.1.3 确定网站风格

一般情况下，要根据公司的性质或标志来确定网站风格。本章要制作一个度假村的网站，所以选用了代表沉静、理智、诚实的蓝色和代表生命、活力、青春的绿色作为网站主色调；又以浅灰色作为点缀，不仅突出了重点，又能产生强烈的视觉效果。网站中用到了多个清新自然的大图片，整个网站看起来特色鲜明，生机勃勃。图 11-2 和图 11-3 所示为网站首页和子页的页面效果图。

图 11-2　首页效果图

图 11-3 子页效果图

11.1.4 收集和整理素材

网页设计素材的收集是相当重要的。通常情况下，素材的来源主要有下面几种。

● 客户提供的素材：主要是与产品或企业相关的图像和文字，比如产品外观图像等，本例中主要指"富丽宫展示"中用到的图片。

● 网上收集的素材：主要是一些辅助性的图像，这些图像的装饰性较强，比如背景图像等。

● 独自创作的素材：主要是整个页面中视觉面积最大、最有说服力的图像，比如广告图像、标题图片等。

将所有需要的素材收集整理好后，放在本地站点中的"images"文件夹中。

要获取本例中使用的图像，可以直接将本书附赠的"素材与实例" > "fuligong"目录下的"images"文件夹拷贝到站点根目录下。

实训 1 设置本地站点目录并定义站点

在编辑网页之前，首先要定义一个站点。站点的定义我们在前面已讲了不止一次，这

里只简单地介绍一下定义过程。

步骤 1▶ 首先在本地磁盘创建一个文件夹"fuligong"，并在该文件夹下创建一个新文件夹"images"，以存放站点中的图像文件。

步骤 2▶ 启动 Dreamweaver CS3，选择"站点">"新建站点"菜单，在打开的"站点定义为"对话框中选择"基本"选项卡。

步骤 3▶ 在"您打算为您的站点起什么名字"编辑框中输入"fuligong"，设置站点名称，如图 11-4 所示。

步骤 4▶ 单击"下一步"按钮，由于网站中未包含动态网页，故选择"否，我不想使用服务器技术"单选钮，如图 11-5 所示。

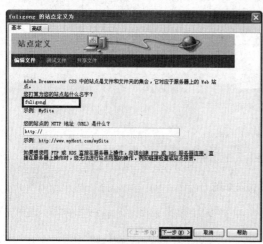
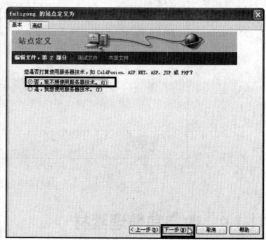

图 11-4　设置站点名称　　　　　　图 11-5　设置网站是否使用服务器技术

步骤 5▶ 单击"下一步"按钮，勾选"编辑我的计算机上…"单选钮，并单击下面编辑框后面的"文件夹"图标🗀，在打开的"选择站点 fuligong 的本地根文件夹"对话框中选择前面创建的文件夹"fuligong"，如图 11-6 所示。

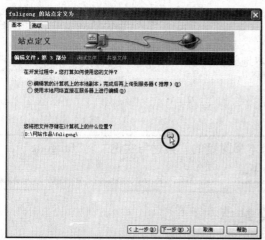

图 11-6　选择如何使用文件以及文件存放位置

步骤 6▶ 单击"选择"按钮,回到"fuligong 的站点定义为"对话框。单击"下一步"按钮,由于现在只是在本地编写和调试网页,故此时不需要连接到远程服务器,所以在"您如何连接到远程服务器?"下拉列表中选择"无"。

步骤 7▶ 单击"下一步"按钮,系统显示所设参数的总结,如图 11-7 所示。如果没有问题,单击"完成"按钮,一个新的站点便创建完成了。

步骤 8▶ 打开"文件"面板,可以看到刚创建的"fuligong"站点,如图 11-8 所示。

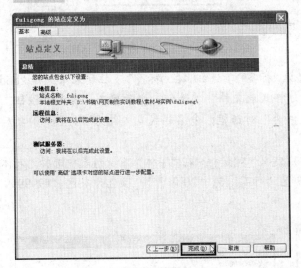

图 11-7 显示所设参数总结

图 11-8 完成站点创建

11.2 网站制作

由于篇幅的关系,我们不再为大家一一讲述网站中所有页面的制作,此处只制作一个首页和一个子页,并将其中的共有元素定义为库项目。可参照这两个页面的制作来完成其他页面的制作。

这里需要强调的一点是,在开始制作之前,应该把用到的图片拷贝到站点根目录下的"images"文件夹里。

实训 1 制作网站首页

为便于读者理解,我们将网站首页的制作分为"新建文档并定义 CSS 样式"、"设置文档"内容 2 节来讲。在设置文档内容时,表格的多次拆分是个难点。

1. 新建文档并定义 CSS 样式

步骤 1▶ 在"文件"面板"fuligong"站点中新建网页文档,并重命名为"index.html",如图 11-9 所示。

步骤 2▶ 在文档编辑窗口中打开"index.html",单击"CSS 样式"面板下方的"新

建 CSS 规则"按钮，打开"新建 CSS 规则"对话框，如图 11-10 所示。

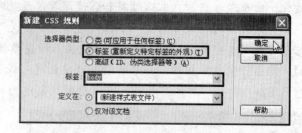

图 11-9　新建文档并重命名　　　　图 11-10　"新建 CSS 规则"对话框

步骤 3▶　在"选择器类型"区选择"标签"单选钮，在"标签"下拉列表中选择"body"类别，在"定义在"列表区选择"新建样式表文件"单选钮，之后单击"确定"按钮。

步骤 4▶　打开"保存样式表文件为"对话框，命名样式表文件为"s1.css"，之后单击"保存"按钮，如图 11-11 所示。

步骤 5▶　打开"body 的 CSS 规则定义"对话框，在"字体"下拉列表中选择"宋体"，在"大小"下拉列表中选择"12"，设置"行高"为"20 像素"，颜色为灰色"#999999"，如图 11-12 所示。

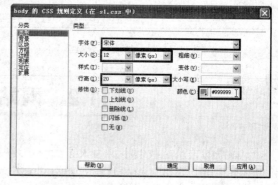

图 11-11　保存样式表文件　　　　图 11-12　设置"类型"样式

步骤 6▶　切换至"方框"选项卡，取消选择"边界"区域的"全部相同"复选框，然后设置上、下边界值为"0"，左、右边界值为"10"。单击"确定"按钮关闭对话框，同时在文档编辑窗口打开样式表文件"s1.css"，如图 11-13 所示。

步骤 7▶　分别保存"index.html"和"s1.css"，完成样式的定义。

　　左、右边界值是根据网页文档的宽度和一定分辨率下浏览器的宽度值设置的。一般在 1024×768 分辨率下浏览器宽度为 1000 像素，此处网页的宽度为 980 像素，所以将左、右边界值设置为 10。

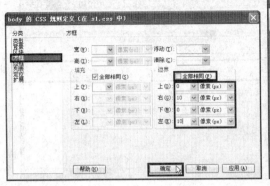

图 11-13　设置"方框"样式并关闭对话框

2．设置文档内容

步骤 1▶　单击"属性"面板上的"页面属性"按钮，打开"页面属性"对话框。在左侧的"分类"列表中选择"标题/编码"，设置标题为"富丽宫网站主页"，编码为"简体中文（GB2312）"，之后单击"确定"按钮，如图 11-14 所示。

步骤 2▶　在文档编辑窗口中单击，并插入一个 1 行 3 列，宽为 980 像素，填充、间距和边框均为 0 的表格，称该表格为表格 1，如图 11-15 所示。

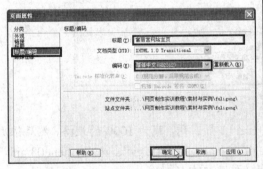
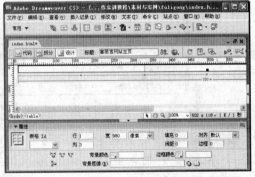

图 11-14　设置"标题/编码"　　　　　　图 11-15　插入表格

步骤 3▶　在表格 1 的第 1 个单元格中插入图片"logo.gif"，并向左拖动其右边框，使单元格同图片等宽。将第 2 个单元格拆分为 3 行，如图 11-16 所示。

步骤 4▶　再将拆分后的第 1 行单元格拆分为 3 列。在此基础上，将中间 1 列单元格拆分为 2 行，并将上方一行拆分为 3 列，最终效果如图 11-17 所示。

　　　此处拆分表格的操作也可以用嵌套表格来代替。不过一般情况下，能拆分的最好不要嵌套，因为那样会降低网页的下载速度。

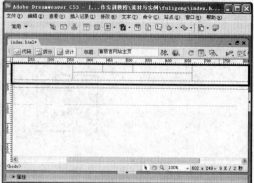

图 11-16　插入图片并拆分第 2 个单元格　　　　图 11-17　依次拆分各个单元格

步骤 5▶　按照自上向下，自左向右的原则，依次在上面两行的各个单元格中插入图片 main_02.gif、top_menu01.gif、top_menu02.gif、top_menu03.gif、main_06.gif、top_img.gif 和 main_08.gif，效果如图 11-18 所示。

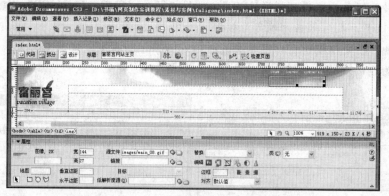

图 11-18　依次在上面两行的各个单元格中插入图片

步骤 6▶　在下方的第 1 个单元格中嵌套一个 1 行 5 列，宽为 100%的表格，然后依次在各个单元格中插入图片 main_menu01.gif、main_menu02.gif、main_menu03.gif、main_menu04.gif 和 main_menu05.gif；在最下方的单元格中插入图片 main_14.gif，如图 11-19 所示。

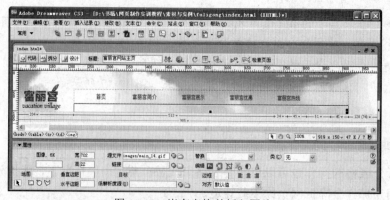

图 11-19　嵌套表格并插入图片

步骤 7▶ 在表格 1 下方插入一个 1 行 1 列，宽为 980 像素，填充、间距和边框均为 0 的表格，称该表格为表格 2，并在其中插入图片 main_img.jpg，如图 11-20 所示。

图 11-20 插入表格 2 并在其中插入图片

步骤 8▶ 在表格 2 下方插入一个 1 行 6 列，宽为 980 像素，填充、间距和边框均为 0 的表格，称该表格为表格 3。设置表格 3 第 1 个单元格宽为 51 像素，如图 11-21 所示。

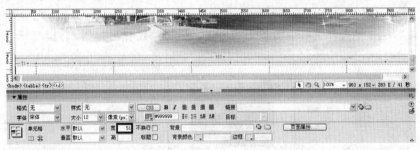

图 11-21 插入表格 3 并设置单元格宽

步骤 9▶ 在表格 3 的第 2 个单元格中单击，设置"垂直"对齐方式为"顶端"，并在其中嵌套一个 2 行 2 列，宽为 220 像素，填充、间距和边框均为 0 的表格。将嵌套表格第 1 行的两个单元格合并，并插入图片 customer.gif；在第 2 行的两个单元格中分别插入图片 gallery_img.gif 和 gallery_tit.gif，如图 11-22 所示。

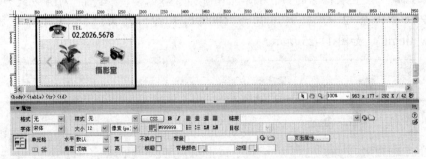

图 11-22 嵌套表格并插入图片

步骤 10▶ 设置表格 3 的第 3 个单元格宽为 18 像素；第 4 个单元格宽为 290 像素，并设置其"垂直"对齐方式为"顶端"，之后在其中嵌套一个 2 行 2 列，宽为 100% 的表格。

步骤 11▶ 在嵌套表格的第 1 行第 1 列单元格中插入图片 "notice_tit01.gif"；在第 1 行第 2 列单元格中插入图片 "notice_more.gif"，并设置 "水平" 对齐方式为 "右对齐"，如图 11-23 所示。

图 11-23　嵌套表格并插入图片

步骤 12▶ 将嵌套表格第 2 行的两个单元格合并，并在合并后的单元格中输入文本，然后选中文本，并单击 "属性" 面板上的 "文本缩进" 按钮，如图 11-24 所示。

图 11-24　合并单元格并输入文本

步骤 13▶ 设置表格 3 的第 5 个单元格宽为 330 像素，"垂直" 对齐方式为 "顶端"；并在其中嵌套一个 2 行 1 列、宽为 100% 的表格，在第 1 个单元格中插入图片 "preview_tit.gif"，如图 11-25 所示。

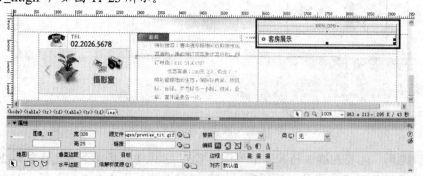

图 11-25　嵌套表格并插入图片

步骤 14▶ 设置嵌套表格的第 2 个单元格背景图像为 "preview_bg.gif"，然后将其拆分为 3 列，并在第 1 列单元格中插入图片 "preview_img.gif"，在第 2 列单元格中输入文本，在第 3 列单元格中插入图片 "preview_edge.gif"，并设置"水平"对齐方式为"右对齐"，如图 11-26 所示。

图 11-26 拆分单元格并设置各单元格内容

步骤 15▶ 对表格 3 做适当调整后，在其下方插入一个 1 行 5 列，宽为 980 像素，填充、间距和边框均为 0 的表格，称该表格为表格 4。在第 1 个单元格中插入图片 main_61.gif，并设置"垂直"对齐方式为"底部"，与图片等宽；在第 2 个单元格中插入图片 "bottom_logo.gif"，同样设置"垂直"对齐方式为"底部"，与图片等宽，如图 11-27 所示。

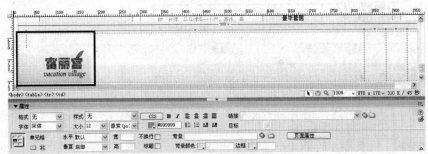

图 11-27 插入表格 4 并设置内容

步骤 16▶ 在第 3 个单元格中插入图片 main_63.gif ，设置"垂直"对齐方式为"底部"，与图片等宽；在第 4 个单元格中嵌套一个 3 行 1 列，宽为 442 像素的表格，并设置第 1 行单元格的"高"为"35 像素"，如图 11-28 所示。

图 11-28 嵌套表格并设置单元格高

步骤 17▶ 将第 2 行的单元格拆分为 6 列，并分别在各个单元格中插入图片 bottom_menu01.gif、bottom_menu02.gif、bottom_menu03.gif、bottom_menu04.gif、bottom_menu05.gif 和 bottom_menu06.gif，如图 11-29 所示。

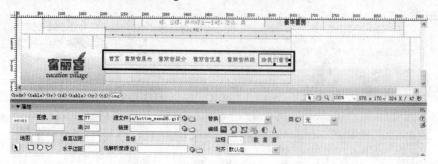

图 11-29　拆分单元格并插入图片

步骤 18▶ 在第 3 行单元格中嵌套一个 2 行 2 列，宽为 442 像素的表格，在左侧第 1 行单元格中插入图片 copyright.gif，第 2 行单元格中插入图片 main_78.gif，将右侧的两个单元格合并，并插入图片 main_72.gif，如图 11-30 所示。

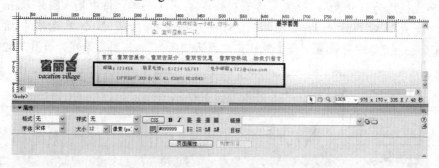

图 11-30　拆分单元格并分别插入图片

步骤 19▶ 将表格 4 的第 4 个单元格拆分为两行，设置第 1 行"高"为 35 像素；在第 2 行插入图片 main_70.gif，并设置其背景图像为 main_70.gif，如图 11-31 所示。

图 11-31　拆分单元格并设置内容

步骤 20▶ 按【Ctrl+S】组合键保存文档，便完成了网站首页的制作。

实训 2　定义"库"项目

为提高网站的制作效率和方便后期的维护，我们将网页的底部定义为库项目。

步骤 1▶　打开前面制作的网站首页"index.html"，选中最下方的表格（表格 4），然后选择"修改" > "库" > "增加对象到库"菜单，将其定义为库项目，如图 11-32 所示。

图 11-32　定义库项目

步骤 2▶　库项目默认名为"untitled"，并处于可编辑状态，将其重命名为"bottom"，并按【Enter】键确认。

实训 3　制作网站子页

网站子页相对首页来说要简单一些，为便于理解，我们依然将其拆分为"新建文档并定义样式"、"设置文档内容" 2 节来讲。

1．新建文档并定义样式

步骤 1▶　在"文件"面板中新建文档，并重命名为"intro.html"。双击"文件"面板中的文档，在文档编辑窗口中打开它。

步骤 2▶　单击"CSS 样式"面板底部的"附加样式表"按钮，打开"链接外部样式表"对话框，如图 11-33 所示。

步骤 3▶　单击"文件/URL"编辑框后的"浏览"按钮，打开"选择样式表文件"对话框，在该对话框中选择要链接的样式文件，然后单击"确定"按钮，如图 11-34 所示。

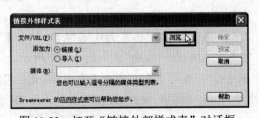

图 11-33　打开"链接外部样式表"对话框

图 11-34　"选择样式表文件"对话框

步骤 4▶ 回到 "链接外部样式表" 对话框，单击 "确定" 按钮，将其关闭。

步骤 5▶ 打开 "页面属性" 对话框，设置标题为 "富丽宫简介"，编码为 "简体中文（GB2312）"。

2．设置文档内容

步骤 1▶ 参照实训 1 中制作网站首页头部的方法，在文档中插入表格 1，并设置其内容，如图 11-35 所示。

图 11-35　制作网页头部

步骤 2▶ 在表格 1 下方单击，插入一个 1 行 2 列，宽为 980 像素，填充、间距和边框均为 0 的表格，称该表格为表格 2。

步骤 3▶ 在表格 2 的第 1 个单元格中插入图片 "sub_img.jpg"，并设置单元格与图片等宽；在第 2 个单元格中插入图片 "sub_img_1.gif"，并设置其 "水平" 对齐方式为 "左对齐"，如图 11-36 所示。

图 11-36　在单元格中插入图片

步骤 4▶ 在表格 2 下方插入一个 1 行 3 列，宽为 980 像素，填充、间距和边框均为 0 的表格，称该表格为表格 3。

步骤 5▶ 设置第 1 个单元格宽为 18 像素；第 2 个单元格宽为 186 像素，"垂直" 对齐方式为 "顶端"；第 3 个单元格 "垂直" 对齐方式亦为 "顶端"，如图 11-37 所示。

步骤 6▶ 在表格 3 的第 2 个单元格中嵌套 1 个 6 行 1 列，宽为 100%，填充、间距和边框均为 0 的表格，并分别在各个单元格中插入图片 left_tit.gif、left_menu01.gif、left_menu02.gif、left_menu03.gif、left_menu04.gif 和 left_edge.gif，如图 11-38 所示。

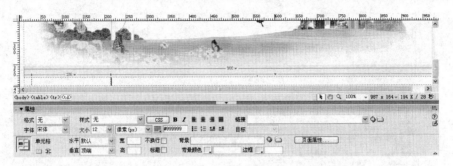

图 11-37　插入表格并设置各单元格属性

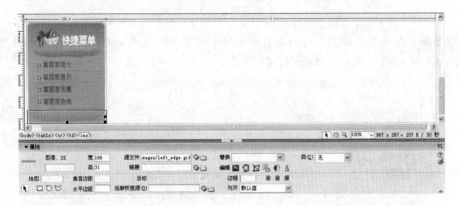

图 11-38　拆分单元格并插入图片

步骤 7▶　在表格 3 的第 3 个单元格中嵌套一个 2 行 4 列，宽为 100%，填充、间距和边框均为 0 的表格。在第 1 行的第 1 个单元格中插入图片 title.gif，并设置单元格与图片等宽；在第 2 个单元格中插入图片 sub01_33.gif，同样设置单元格与图片等宽，并设置"垂直"对齐方式为"底部"，如图 11-39 所示。

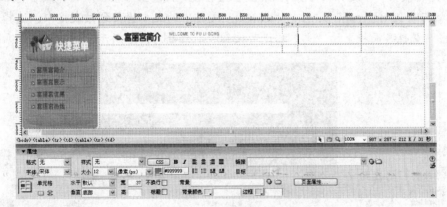

图 11-39　嵌套表格并插入图片

步骤 8▶　在嵌套表格的第 3 个单元格中插入图片 sbullet.gif，并设置单元格与图片等宽，"垂直"对齐方式为"底部"；在第 4 个单元格中输入文本"＞首页＞富丽宫简介"，如图 11-40 所示。

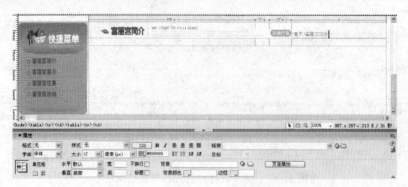

图 11-40　在单元格中插入图片和文本

步骤 9▶　在嵌套表格第 2 行的 4 个单元格中分别插入图片 sub01_36.gif、sub01_37.gif、sub01_38.gif 和 sub01_39.gif，如图 11-41 所示。

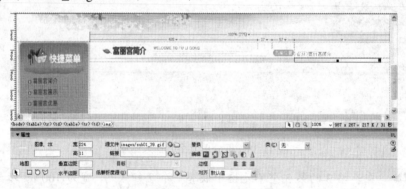

图 11-41　在单元格中插入图片

步骤 10▶　在嵌套表格下方插入一个 1 行 1 列，宽为 100%，填充、间距和边框均为 0 的表格。在表格中单击并按【Shift+Enter】组合键，使其上方空出一行，然后将本书附赠的 "\素材与实例\fuligong" 站点中 "text.txt" 文档中的文本拷贝到该表格中。选择所有文本，单击 "属性" 面板上的 "文本缩进" 按钮，如图 11-42 所示。

图 11-42　插入表格并设置内容

步骤 11▶　将插入点置于表格 3 右侧，然后打开 "资源" 面板，并单击左侧的 "库"

按钮，以显示网站中的库项目。单击并向文档编辑窗口拖动 "bottom" 库项目，松开鼠标后在文档下方插入库项目，如图 11-43 所示。

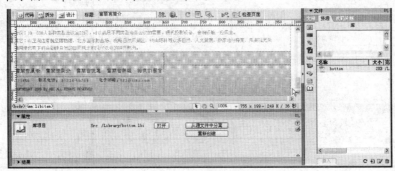

图 11-43　插入库项目

步骤 12 ▶　参照实训 2 中的操作，将 "intro.html" 文档中的第 1 个表格定义为库项目 "top"，如图 11-44 所示。

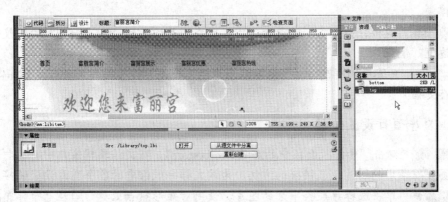

图 11-44　定义库项目

在制作网站中的其他子页时，可以直接使用该 "top" 库项目，不需要再重复操作。

实训 4　设置超链接

超链接是网站的灵魂，有了超链接，才能在网站中的各个页面之间来回跳转。接下来为各个页面添加超链接。

1．为首页设置超链接

步骤 1 ▶　打开首页文档 "index.html"。单击选择上方导航条中 "首页" 字样所在图片，单击并拖动 "属性" 面板上 "链接" 编辑框后的 "指向文件" 按钮到 "文件" 面板上的 "index.html" 文档，如图 11-45 所示。

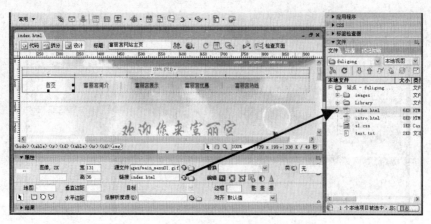

图 11-45　设置到首页的链接

步骤 2▶ 取消选择图片后，"首页"字样所在图片周围多了蓝色的边框，为去掉该边框，重新选择图片，并在"属性"面板上"边框"编辑框中输入"0"后按【Enter】键将边框去掉。

步骤 3▶ 同样，为"富丽宫简介"字样所在图片设置到"intro.html"的链接，并设置其"边框"值为0。

步骤 4▶ 可参照同样的方法，为导航条中的其他图片设置链接。最后按【Ctrl+S】组合键保存文档。

2．为库项目设置链接

步骤 1▶ 双击"资源"面板中的库项目"bottom"，在文档编辑窗口中将其打开。参照为首页导航条中的图片设置链接的方法，为该文档导航条中的各个图片设置链接。

步骤 2▶ 单击选择导航条下方的图片，使用"矩形热点工具" □在电子邮箱所在位置绘制一个矩形热点区域。在"属性"面板上"链接"编辑框中输入"mailto:123@sina.com"，并按【Enter】键确认，如图 11-46 所示。

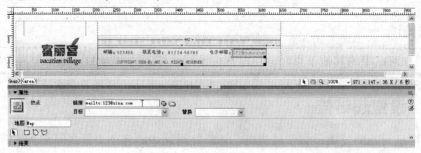

图 11-46　绘制矩形热点区域

步骤 3▶ 按【Ctrl+S】组合键保存文档，弹出"更新库项目"对话框，单击"更新"按钮，弹出"更新页面"对话框，单击"关闭"按钮关闭，以关闭对话框，如图 11-47 所示。

步骤 4▶ 可参照为首页导航条设置链接的方法，为"top"库项目设置链接，此处不再赘述。

图 11-47 更新页面

课后总结

本章首先对要创建的网站做了个简单介绍，然后进入实战阶段。相信读者在掌握了前面的基础知识后，再结合这个例子，制作一个属于自己的网站是绝对不会有问题了。

思考与练习

一、问答题

简述制作网站的步骤。

二、操作题

试着制作一个属于自己的个人网站。可参考如图 11-48 所示的主页效果图（最终效果请参考本书附赠素材"素材与实例" > "personal"）。

图 11-48 个人网站主页

提示：

该个人网站的首页与网站中的其他页面结构不一致，可以先制作好首页，然后制作一个模板，并在模板的基础上制作其他页面。